頭にしみこむ
メモリータイム！

寝る前5分暗記ブック

高校化学基礎

もくじ

- もくじ ... 2
- この本の特長と使い方 ... 6

★1章 物質の探求

1. 混合物と純物質 ... 7
2. 物理変化と化学変化 ... 9
3. 混合物の分離① ... 11
4. 混合物の分離② ... 13
5. 混合物の分離③ ... 15
6. 純物質の成分 ... 17
7. 元素の調べ方 ... 19
8. 粒子の熱運動① ... 21
9. 粒子の熱運動② ... 23
10. 固体・液体・気体 ... 25

★2章 原子の構造と元素の周期表

1. 原子① ... 27
2. 原子② ... 29
3. 同位体① ... 31
4. 同位体② ... 33
5. 原子模型① ... 35
6. 原子模型② ... 37
7. 元素の周期表① ... 39

8. 元素の周期表②		41
9. 元素の周期表③		43
10. 元素の周期表④		45
11. 元素の周期表⑤		47

★3章　化学結合

1. 陽イオン, 陰イオンのでき方		49
2. イオンの表記		51
3. 電子の授受①		53
4. 電子の授受②		55
5. イオン結合		57
6. 共有結合①		59
7. 共有結合②		61
8. 共有結合③		63
9. 共有結合④		65
10. 共有結合⑤		67
11. 共有結合⑥		69
12. 分子結晶と共有結晶①		71
13. 分子結晶と共有結晶②		73
14. 金属結合①		75
15. 金属結合②		77
16. 結合・結晶		79

★4章　物質量と化学反応式

1. 原子量 ……………………………………………… 81
2. 分子量と式量 ……………………………………… 83
3. 物質量① …………………………………………… 85
4. 物質量② …………………………………………… 87
5. 物質量③ …………………………………………… 89
6. 溶液の濃度 ………………………………………… 91
7. 化学反応式の係数 ………………………………… 93
8. 化学反応式の量的関係 …………………………… 95

★5章　酸と塩基

1. 酸と塩基① ………………………………………… 97
2. 酸と塩基② ………………………………………… 99
3. 酸と塩基③ ………………………………………… 101
4. 酸と塩基④ ………………………………………… 103
5. 水素イオン濃度① ………………………………… 105
6. 水素イオン濃度② ………………………………… 107
7. pH指示薬 ………………………………………… 109
8. 中和反応 …………………………………………… 111
9. 塩 …………………………………………………… 113
10. 中和反応の量的関係① …………………………… 115
11. 中和反応の量的関係② …………………………… 117

12. 中和滴定① ... 119
13. 中和滴定② ... 121
14. 中和滴定③ ... 123

★6章 酸化還元反応

1. 酸化と還元① ... 125
2. 酸化と還元② ... 127
3. 酸化剤と還元剤① ... 129
4. 酸化剤と還元剤② ... 131
5. 酸化剤と還元剤③ ... 133
6. イオン反応式 ... 135
7. 酸化還元滴定 ... 137
8. イオン化傾向① ... 139
9. イオン化傾向② ... 141
10. イオン化傾向③ ... 143
11. 酸化還元反応の利用 ... 145

巻末資料（化学基礎のおもな計算式） ... 147
さくいん ... 155

この本の特長と使い方

★ この本の特長

暗記に最も適した時間「寝る前」で、効率よく暗記!

この本は,「寝る前の暗記が記憶の定着をうながす」というメソッドをもとにして,高校化学基礎の重要なところだけを集めた参考書です。

暗記に最適な時間を上手に活用して,高校化学基礎の重要ポイントを効率よくおぼえましょう。

★ この本の使い方

この本は,1項目2ページの構成になっていて,5分間で手軽に読めるようにまとめてあります。赤フィルターを使って,赤文字の要点をチェックしてみましょう。

① 1ページ目の「今夜おぼえること」では,その項目の重要ポイントを,ゴロ合わせや図解でわかりやすくまとめてあります。

② 2ページ目の「今夜のおさらい」では,1ページ目の内容をやさしい文章でくわしく説明しています。読み終えたら,「寝る前にもう一度」で重要ポイントをもう一度確認しましょう。

1. 混合物と純物質

★ 今夜おぼえること

⭐ 2種類以上の物質が混ざり合っているものは混合物。

空気, 海水, 石油, 塩酸, 牛乳などは, 2種類以上の物質が混ざり合った混合物だよ。

> 空気は窒素, 酸素, 二酸化炭素などの混合物だよ。

> 塩酸は塩化水素の水溶液だから, 水と塩化水素の混合物。

🌙 ただ1種類の物質からできているものは純物質。

鉄, ダイヤモンド, 水素, ドライアイス, 塩化ナトリウム, 塩化水素などは, ただ1種類の物質からできている純物質だよ。

★今夜のおさらい

☆ 空気は，窒素，酸素，二酸化炭素，アルゴン，水蒸気など様々な気体が混ざり合っているので，**混合物**です。

水に塩化水素が溶けている塩酸のように，**水溶液は水と溶質の混合物**です。

混合物には，
- **化学式で表すことができない。**
- **混ざり合った物質を分離することができる。**

といった特徴があります。

☾ 塩化水素（HCl）は，水素原子と塩素原子からできていますが，2つの原子が化学的に結びついて塩化水素の分子をつくっているので，混合物とはいえません。

純物質を2種類以上の物質に**分離**することはできません。（**分解**することのできる純物質はあります。）

塩化ナトリウム（食塩）は純物質，
塩化ナトリウム水溶液（食塩水）は混合物だよ。

💤 寝る前にもう一度
- ☆ 2種類以上の物質が混ざり合っているものは混合物。
- ☾ ただ1種類の物質からできているものは純物質。

2. 物理変化と化学変化

★ 今夜おぼえること

☆物理変化…物質の種類は変わらずに、状態だけが変わる。

物質が、固体⇄液体⇄気体と変わる「状態変化」も、物理変化の1つだよ。

> 物体に力が加わって形が変化したり、ものが水に溶けたりするのも物理変化だよ。

☽化学変化…ある物質が性質の違う別の物質に変わる。

「化合」や「分解」は、化学変化だよ。

恋の化学変化
え！

> ものが燃えるのは酸化（化合）の一種だから化学変化だよ。

★ 今夜のおさらい

🌙 物理変化 は，物質そのものは変わらない変化です。たとえば水の状態変化では，氷（固体）⇄水（液体）⇄水蒸気（気体）と変化しますが，どの状態であっても水（H_2O）という物質であることには変わりありません。

状態変化のほかにも，形の変化（変形，切断など）や，ものが混ざったり，液体に溶けこんだりといった変化も 物理変化 です。

🌙 炭酸水素ナトリウムを加熱すると，炭酸ナトリウム ，二酸化炭素 ，水 ができます（分解）。空気中で銅を加熱すると空気中の酸素が銅と結びついて 酸化銅 ができます（化合）。このように，原子の組み合わせが変わる反応で，反応によって別の物質ができる変化を 化学変化 といいます。

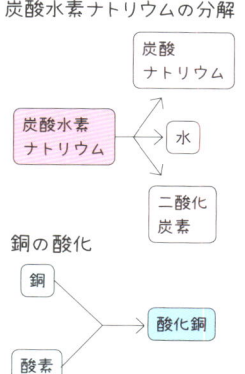

炭酸水素ナトリウムの分解

炭酸水素ナトリウム → 炭酸ナトリウム
炭酸水素ナトリウム → 水
炭酸水素ナトリウム → 二酸化炭素

銅の酸化

銅 → 酸化銅
酸素 → 酸化銅

💤 寝る前にもう一度

- 🌟 物理変化…物質の種類は変わらずに，状態だけが変わる。
- 🌙 化学変化…ある物質が性質の違う別の物質に変わる。

3. 混合物の分離①

★今夜おぼえること

😊分離…混合物から純物質を取り出す操作。

分離した物質から不純物を取り除き、より純度を高める操作を精製というよ。

🌙蒸留…液体の混合物を加熱し、生じた蒸気を冷やして液体に戻し、目的の成分を取り出す操作。

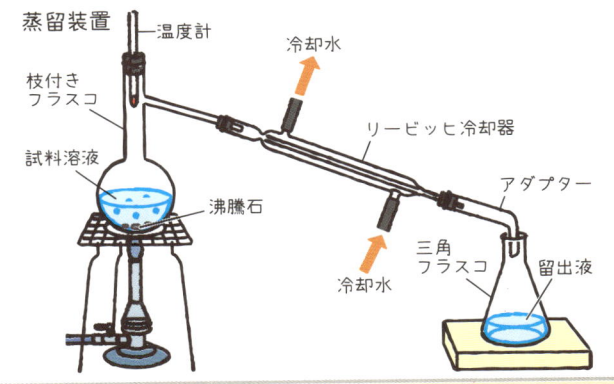

蒸留装置
- 温度計
- 枝付きフラスコ
- 試料溶液
- 沸騰石
- 冷却水
- リービッヒ冷却器
- アダプター
- 三角フラスコ
- 留出液

★今夜のおさらい

🌙 混合物は2種類以上の物質が混じり合っています。そこから、純物質に固有な性質の違いを利用して<u>純物質を取り出す操作</u>を 分離 といいます。分離には、 ろ過 や 蒸留 、 分留 などがあります。

また、分離によって取り出した成分は、他の物質（不純物）が少量混じっていて完全な純物質ではないことがあります。その不純物を取り除き、<u>より純度を高める操作</u>を 精製 といいます。

🌙 液体と他の物質が混じり合った混合物を加熱すると、液体は蒸気（気体）になって出てきます。<u>この蒸気を冷やして再び液体にすることで、目的の成分だけを取り出す</u>ことを 蒸留 といいます。

たとえば、海水は水に様々な物質が溶け込み、また、砂なども混じっています。この海水を加熱すると、水だけが水蒸気となって出てくるので、それを冷やすことによって、純粋な水を得ることができます。

💤 寝る前にもう一度

- 🌙 分離…混合物から純物質を取り出す操作。
- 🌙 蒸留…液体の混合物を加熱し、生じた蒸気を冷やして液体に戻し、目的の成分を取り出す操作。

4. 混合物の分離②

★ 今夜おぼえること

★★ ゴロ合わせ 採血は妖怪音頭ききながら。
　　　　　　　再結晶　　　溶解度・温度

温度による溶解度の違いを利用した分離方法を，**再結晶**というよ。

☾ ろ過…粒子の大きさの違いを利用した分離方法。

再結晶とろ過で，硝酸カリウムを分離する

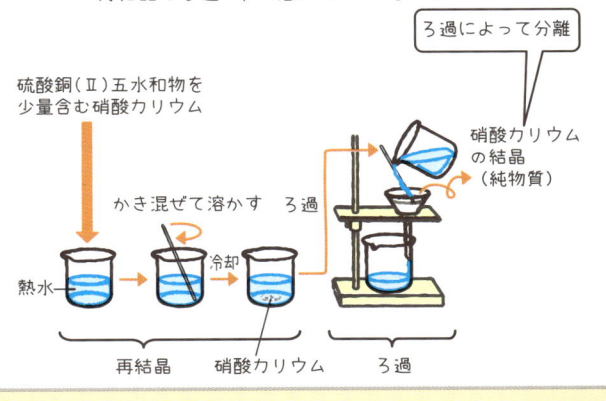

硫酸銅(Ⅱ)五水和物を少量含む硝酸カリウム

熱水 → かき混ぜて溶かす → 冷却 → ろ過

ろ過によって分離

硝酸カリウムの結晶（純物質）

再結晶　硝酸カリウム　ろ過

★ 今夜のおさらい

☆ 温度による溶解度の変化が大きい物質の水溶液の温度を下げると、溶けきれなくなった分が結晶になって液中に出てきます。

このように、温度による <u>溶解度</u> の違いを利用して、液体に溶けている物質を結晶として分離する方法を <u>再結晶</u> といいます。

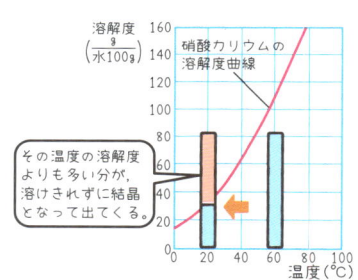

硝酸カリウムの溶解曲線

その温度の溶解度よりも多い分が、溶けきれずに結晶となって出てくる。

☾ 液体と固体が混ざり合っている液をろ紙でこすと、ろ紙のすき間より大きな粒子は、ろ紙の上に残ります。このように、<u>粒子の大きさの違い</u>を利用して混合物を分離する方法を <u>ろ過</u> といいます。

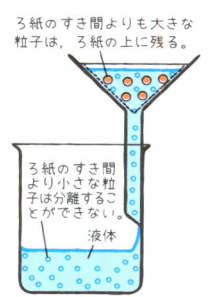

ろ紙のすき間よりも大きな粒子は、ろ紙の上に残る。

ろ紙のすき間より小さな粒子は分離することができない。

液体

💤 寝る前にもう一度

☆ 採血は妖怪音頭ききながら。
☾ ろ過…粒子の大きさの違いを利用した分離方法。

5. 混合物の分離③

★ 今夜おぼえること

★★ ゴロ合わせ「直接，固体になったり気体に
<u>固体が直接気体になる，またはその逆の性質を利用</u>
なったりしています。」

「ああ，しょうか。」
　　　　　昇華法

🌙 抽出…溶解度の違いを利用した分離方法。

> コーヒーや緑茶は『抽出』で成分を取り出しているよ。

（図：ろ紙／熱水／コーヒーの粉／コーヒー液）

✨ クロマトグラフィー…物質への吸着力の違いを利用した分離方法。

★ 今夜のおさらい

😊 混合物を加熱し，ヨウ素，ナフタレンなど 昇華性 のある物質だけを 昇華 させて冷却すると，目的の物質を取り出すことができます。これが 昇華法 です。

ヨウ素を昇華法で分離する

冷水の入った丸底フラスコで冷やされて，固体のヨウ素に戻る。

冷水

ヨウ素（気体）

ヨウ素（固体）

昇華法によって精製されたヨウ素（純物質）

温めると混合物から昇華性をもつヨウ素だけが気体になる。

昇華性のない物質はそのまま残る。

ヨウ素と塩化ナトリウムの混合物

🌙 混合物に目的の物質だけを溶かす溶媒を加えて，目的の物質を取り出す操作を 抽出 といいます。

😊 水がろ紙を伝わって上がっていくとき，ろ紙に吸着しやすい成分は元の場所の近くに残り，吸着しにくい成分は水と一緒に上がっていきます。この現象を利用した分離法を クロマトグラフィー といいます。

・😴 寝る前にもう一度・

😊「直接，固体になったり気体になったりしています。」
　「ああ，しょうか。」
🌙 抽出…溶解度の違いを利用した分離方法。
😊 クロマトグラフィー…物質への吸着力の違いを利用した分離方法。

6. 純物質の成分

★ 今夜おぼえること

☆ 元素は物質を構成する基本成分。

「水」は、水素と酸素という成分が結びついてできているといえるよ。このように、物質を構成する基本成分を元素というんだ。

☽ 【ゴロ合わせ】純粋よ。でも、1人とは限らないわ。
　　　　　　　　　純物質　　　　　　　　　単体

（イラスト：彼氏A・B・C／「この気持ちじゅんすいよ」「でもそれはそれ」）

✦ 【ゴロ合わせ】スコップをどうぞ。
　　　　　　　　　S, C, O, P　　同素体

（イラスト：「スコップ…♡」「な、なんて掘りやすそうな」「スコップをどうぞ」）

★今夜のおさらい

🌙 純物質のうち，2種類以上の元素からできている物質を 化合物 といい，1種類の元素からできている物質を 単体 といいます。

- 化合物は分解することができますが，単体はそれ以上分解することはできません。
- 単体が化学変化によって結びつく（ 化合 する）と， 化合物 になります。

✨ 同素体 は，同じ元素からできていますが，各物質の構造が違うため，性質が異なります。

```
[炭素 C の同素体]
  ダイヤモンド…正四面体の立体結晶構造
  黒鉛（グラファイト）…正六角形の平面構造
  フラーレン…球状の構造                                  など
[酸素 O の同素体]   酸素 $O_2$, オゾン $O_3$
[硫黄 S の同素体]   斜方硫黄 $S_8$, 単斜硫黄 $S_8$, ゴム状硫黄 $S_x$
[リン P の同素体]   赤リン $P_x$, 黄リン $P_4$
```

💤 寝る前にもう一度

- ✨ 元素は物質を構成する基本成分。
- 🌙 純粋よ。でも，1人とは限らないわ。
- ✨ スコップをどうぞ。

7. 元素の調べ方

★ 今夜おぼえること

☆☆ 語呂合わせ リチャードの赤ちゃん泣きから
　　　　　リチウム　　赤　　　　　ナトリウム 黄 カリウム

し，狩人が馬カを動カにストロー
　赤紫　カルシウム　橙赤　バリウム　黄緑　銅　青緑　ストロンチウム

くれない。えーん，ショック！
　　　紅　　　　　　炎色反応

　物質を炎の中に入れたとき，その物質中の金属元素が特有の色を生じることがあるよ。これを炎色反応というんだ。

☽ できる沈殿で，含まれる元素を確認。

　ある溶液に特定の試薬を加えたときに，特定の色の固体（沈殿）が生じると，もとの溶液中に含まれる元素の種類が特定できるよ。これを沈殿生成反応というんだ。

★ 今夜のおさらい

主な炎色反応

元素記号	元素名	炎色
Li	リチウム	赤
Na	ナトリウム	黄
K	カリウム	赤紫
Ca	カルシウム	橙赤
Ba	バリウム	黄緑
Cu	銅	青緑
Sr	ストロンチウム	紅

主な沈殿生成反応

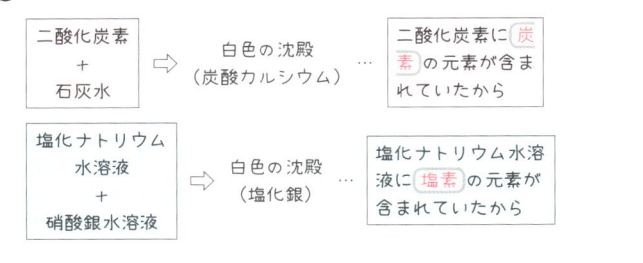

二酸化炭素 + 石灰水 ⇒ 白色の沈殿（炭酸カルシウム） … 二酸化炭素に 炭素 の元素が含まれていたから

塩化ナトリウム水溶液 + 硝酸銀水溶液 ⇒ 白色の沈殿（塩化銀） … 塩化ナトリウム水溶液に 塩素 の元素が含まれていたから

寝る前にもう一度

- リチャードの赤ちゃん泣きからし、狩人が馬力を動力にストローくれない。えーん、ショック！
- できる沈殿で、含まれる元素を確認。

8. 粒子の熱運動①

★ 今夜おぼえること

☆移動，回転，振動！ 粒子は常に熱運動。

物質をつくる粒子は，移動，回転，振動など，不規則な運動を続けている。この運動を熱運動というんだ。

☽熱運動で粒子は拡散する。

粒子は熱運動によって空間を動いている。それによって，風などがなくても，自然に空間全体に広がっていくんだ。

窒素と臭素の拡散

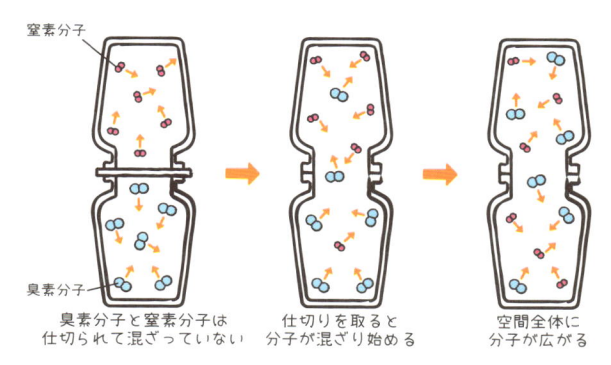

窒素分子

臭素分子

臭素分子と窒素分子は仕切られて混ざっていない → 仕切りを取ると分子が混ざり始める → 空間全体に分子が広がる

★今夜のおさらい

☆ 物質をつくる粒子は、常に、 移動 したり、 回転 したり、 振動 したりする不規則な運動をしています。この運動を、 熱運動 といいます。

☽ 物質が液体に溶けると、溶けた物質は液全体に均一に広がっていきます。これは、溶けた物質の粒子が、熱運動によって液全体に広がっていくからです。

溶液中に溶質が広がる様子（硫酸銅）

はじめは液の底のほうにあった硫酸銅が、混ぜたり、揺らしたりしていないのに、全体に広がっていったよ。

💤 寝る前にもう一度
- ☆ 移動，回転，振動！ 粒子は常に熱運動。
- ☽ 熱運動で粒子は拡散する。

9. 粒子の熱運動②

★ 今夜おぼえること

😊 熱運動、温度が高いと活発に。

粒子の熱運動は、温度を上げていくと活発になり、温度を下げていくと穏やかになるよ。

🌙(ゴロ合わせ) 熱運動が止まる絶対零度は、フナミ。
　　　　　　　　　　　　　　　　　　　　　　　　－273℃

理論上、－273℃で粒子の熱運動は停止。この－273℃を絶対零度というんだ。

★今夜のおさらい

☆ 粒子の熱運動は，**温度**によって変化します。

☽ 水の融点（凝固点）を0℃，沸点を100℃とし，その間を100等分して1℃の温度差を決めたものを**セルシウス温度**といいます。

　絶対零度を基準にした温度を**絶対温度**といい，単位記号**K**（**ケルビン**）で表します。

0K（絶対温度）＝－273℃（セルシウス温度）

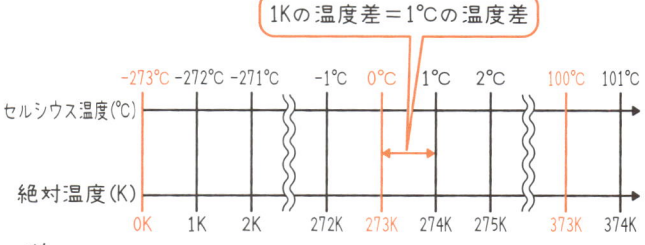

> 1Kの温度差＝1℃の温度差

| セルシウス温度(℃) | -273℃ | -272℃ | -271℃ | -1℃ | 0℃ | 1℃ | 2℃ | 100℃ | 101℃ |
| 絶対温度(K) | 0K | 1K | 2K | 272K | 273K | 274K | 275K | 373K | 374K |

セルシウス温度も絶対温度も，1℃（K）の温度差は同じだね。

💤 寝る前にもう一度
☆ 熱運動，温度が高いと活発に。
☽ 熱運動が止まる絶対零度は，フナミ。

10. 固体・液体・気体

★今夜おぼえること

😊熱運動で状態変化!

　物質を構成している粒子は,お互いに「熱運動によって散らばろう」とすると同時に,お互いに「引力によって集まろう」とする。そのどちらの影響が強いかによって,物質の状態が決まるんだよ。

- 熱運動が穏やかになり,引力のほうが強くなっていくとき
　……気体 → 液体 → 固体と変化していく。
- 熱運動が激しくなり,引力よりも強くなっていくとき
　……固体 → 液体 → 気体と変化していく。

固体　　　　　液体　　　　　気体

⟵ 熱運動が穏やかになり,引力のほうが強くなっていく

⟶ 熱運動が激しくなり,引力よりも強くなっていく

🌙状態変化中は,温度変化なし。

　物質を加熱し,固体 → 液体 → 気体と変化するとき,固体から液体に状態変化する温度を融点といい,液体が沸騰して気体に状態変化する温度を沸点という。状態変化している間は,温度は変化しないよ。

★今夜のおさらい

☆ 粒子の**熱運動**の変化によって，物質の状態も変化します。

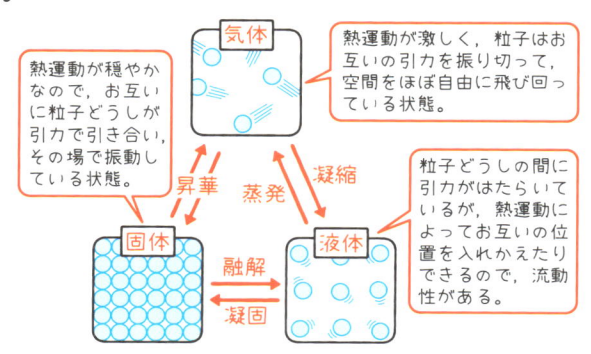

気体：熱運動が激しく，粒子はお互いの引力を振り切って，空間をほぼ自由に飛び回っている状態。

固体：熱運動が穏やかなので，お互いに粒子どうしが引力で引き合い，その場で振動している状態。

液体：粒子どうしの間に引力がはたらいているが，熱運動によってお互いの位置を入れかえたりできるので，流動性がある。

固体 ⇔ 気体：昇華
液体 → 気体：蒸発
気体 → 液体：凝縮
固体 → 液体：融解
液体 → 固体：凝固

☾ 水の状態変化と温度

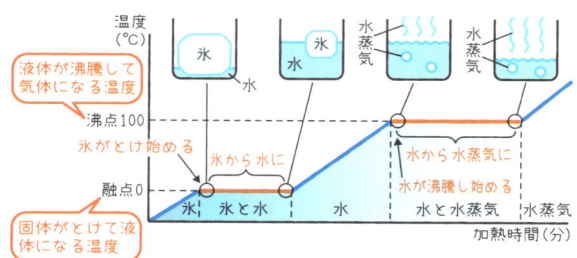

- 液体が沸騰して気体になる温度 → 沸点 100℃
- 固体がとけて液体になる温度 → 融点 0℃
- 氷がとけ始める → 氷から水に
- 水が沸騰し始める → 水から水蒸気に

状態の推移：氷 → 氷と水 → 水 → 水と水蒸気 → 水蒸気

縦軸：温度(℃)，横軸：加熱時間(分)

💤 寝る前にもう一度

☆ 熱運動で状態変化！
☾ 状態変化中は，温度変化なし。

1. 原子①

★ 今夜おぼえること

☆ 陽子と中性子からできている原子核。そのまわりを電子がくるくる。

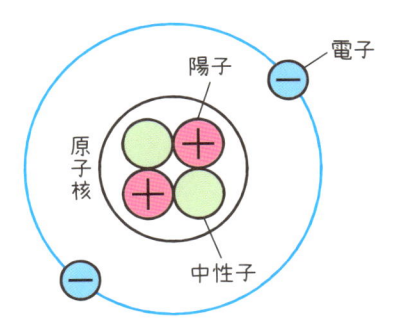

図：原子核（陽子＋、中性子）のまわりを電子（−）がまわっている

2章

☽ 電子は負電荷，陽子は正電荷。打ち消し合ってプラマイ・ゼロ。

原子の中の陽子の数と電子の数は同じだよ。

★ 今夜のおさらい

🌟 物質を構成する、これ以上分割できない粒子を 原子 といいます。

原子は、原子核 を 電子 が取り巻く構造をしています。原子の中心にある**原子核**は、陽子 と 中性子 からできています。

🌙 陽子は 正電荷（プラス の電気）を帯び、電子は 負電荷（マイナス の電気）を帯びています。**陽子の数と電子の数は同じなので、原子は電気的に 中性 になります。**

中性子の数は、陽子の数や電子の数と必ずしも同じではありません。

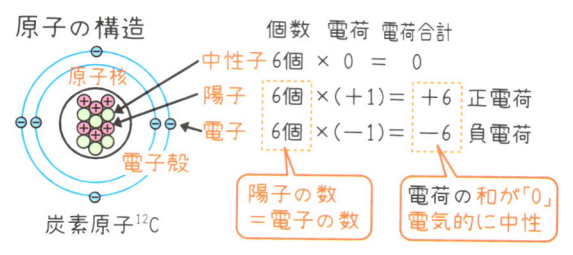

原子の構造

　　　　　　　　　個数　電荷　電荷合計
中性子 6個 × 0 ＝ 0
陽子　 6個 ×（＋1）＝ ＋6　正電荷
電子　 6個 ×（－1）＝ －6　負電荷

陽子の数＝電子の数

電荷の和が「0」電気的に中性

炭素原子 ^{12}C

💤 寝る前にもう一度

🌟 陽子と中性子からできている原子核。そのまわりを電子がくるくる。

🌙 電子は負電荷、陽子は正電荷。打ち消し合ってプラマイ・ゼロ。

2. 原子②

★ 今夜おぼえること

㊋陽子の数，電子の数，原子番号，みんな一緒。

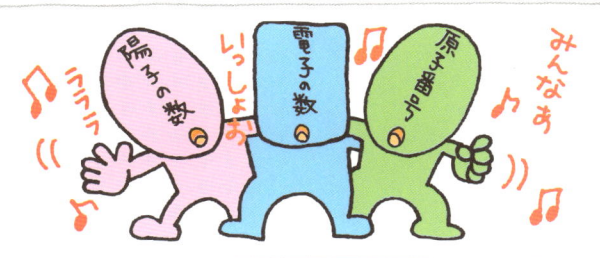

☾陽子の数＋中性子の数が質量数。

ヘリウムの陽子の数，中性子の数，電子の数と，質量数，原子番号

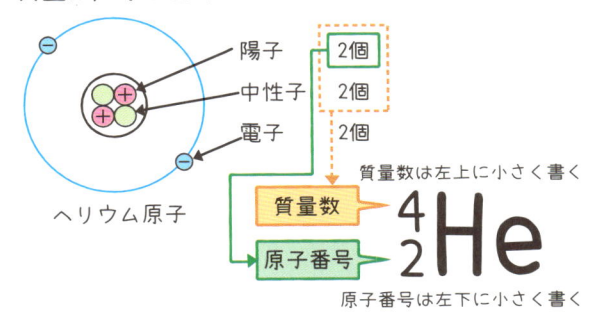

陽子 2個
中性子 2個
電子 2個

質量数は左上に小さく書く

質量数／原子番号

$$^{4}_{2}\text{He}$$

原子番号は左下に小さく書く

ヘリウム原子

★ 今夜のおさらい

🌟 原子は，その種類ごとに**陽子の数**が必ず決まっています。この陽子の数を 原子番号 といい，各原子に固有の番号です。

原子の中の陽子の数は電子の数と同じなので，

原子番号＝ 陽子の数 ＝ 電子の数

ということができます。

🌙 陽子と中性子の質量はほぼ同じですが，電子の質量はそれらに比べてはるかに小さいので，**原子の質量は陽子と中性子の** 質量の和 と考えることができます。

陽子の数と中性子の数の和を，その原子の 質量数 といいます。

元素記号と原子番号・質量数の表し方

質量数（＝陽子の数＋中性子の数）

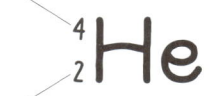

$$^{4}_{2}\text{He}$$

原子番号（＝陽子の数＝電子の数）

💤 寝る前にもう一度

🌟 陽子の数，電子の数，原子番号，みんな一緒。
🌙 陽子の数＋中性子の数が質量数。

3. 同位体①

★ 今夜おぼえること

ゴロ合わせ「注射の数が違う!」
中性子の　数　違う

「どう？ 痛い？」
同位体

中性子の数が違うので，質量数が異なるよ。

🌙 **同位体**は，原子番号，陽子の数，電子の数，化学的性質が同じ。

★ 今夜のおさらい

🌟 原子番号が同じで質量数が異なる原子どうしを「互いに 同位体 (アイソトープ)である」といいます。

　同位体どうしでは，原子核中の陽子の数は同じですが，中性子の数が違うので，質量数が異なります。

🌙 同位体どうしは，陽子の数が同じなので，原子の化学的性質はほぼ同じです。

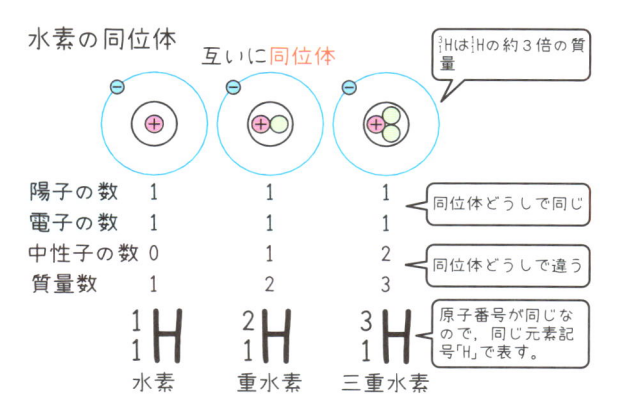

水素の同位体

互いに同位体

^3_1Hは^1_1Hの約3倍の質量

陽子の数	1	1	1	同位体どうしで同じ
電子の数	1	1	1	
中性子の数	0	1	2	同位体どうしで違う
質量数	1	2	3	

^1_1H　^2_1H　^3_1H
水素　重水素　三重水素

原子番号が同じなので，同じ元素記号「H」で表す。

💤 寝る前にもう一度

🌟「注射の数が違う！」「どう？ 痛い？」
🌙 同位体は，原子番号，陽子の数，電子の数，化学的性質が同じ。

4. 同位体②

★ 今夜おぼえること

☾☆ 原子核が壊れながら放射線を放出する放射性同位体（ラジオアイソトープ）。

☽ ㊥ 放射性同位体は「放射せん？」
　　　　　　　　　　　　　　　放射線
「No! 放射する。」
　放射能

放射線を出す能力のことを放射能というよ。

2章

★ 今夜のおさらい

🌙 ほとんどの同位体は自然界で安定に存在する 安定同位体 ですが、中には、原子核が壊れながら放射線を放出する 放射性同位体 （ ラジオアイソトープ ）も存在します。

放射性同位体は、時間とともに原子核が 壊変 （原子核が壊れること）して、他の原子へと変化します。

🌙 放射線は壊変によって放出される高エネルギーの粒子や電磁波で、 α線 , β線 , γ線 などがあり、放射線の種類によって物体を透過する力が違います。

壊変によって放射性同位体の量が半分になるまでの時間を 半減期 といいます。

次の時間は、いずれも同じです。

- はじめにあった放射性同位体の量が $\frac{1}{2}$ になる時間
- $\frac{1}{2}$ になった放射性同位体の量が、その $\frac{1}{2}$ （元の $\frac{1}{4}$ ）になる時間
- $\frac{1}{4}$ になった放射性同位体の量が、その $\frac{1}{2}$ （元の $\frac{1}{8}$ ）になる時間

💤 寝る前にもう一度

🌙 原子核が壊れながら放射線を放出する放射性同位体（ラジオアイソトープ）。
🌙 放射性同位体は「放射せん？」「No！ 放射する。」

5. 原子模型①

★ 今夜おぼえること

★ ゴロ合わせ 電子殻は, 内側から軽め。

K殻, L殻, M殻

🌙 ゴロ合わせ「ボーアの原子模型の中心を書くぞ。」「よーし！」

陽子の数（＝原子番号）

★ 今夜のおさらい

☆ 原子核を取り巻き，電子が飛び回るいくつかの層のことを 電子殻 といいます。

電子殻は，内側から K殻 ， L殻 ， M殻 ，…と呼ばれ，それぞれの電子殻に入ることができる電子の最大数は，次のように決まっています。

- K殻（$n=1$）　$2×1^2=2$個
- L殻（$n=2$）　$2×2^2=8$個
- M殻（$n=3$）　$2×3^2=18$個
- n番目の殻　$(2×n^2)$個

☾ ボーアの原子模型では，中心に陽子の数を書き，そのまわりに電子配置をくわしく書きます。

ナトリウム原子の電子配置

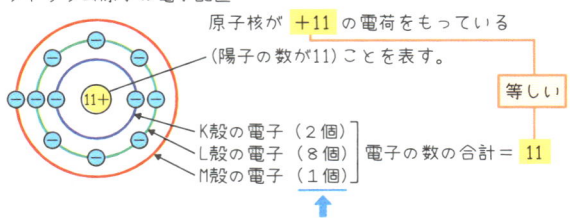

原子核が +11 の電荷をもっている（陽子の数が11）ことを表す。

K殻の電子（2個）
L殻の電子（8個）
M殻の電子（1個）

等しい

電子の数の合計＝ 11

一番外側の電子殻は，必ずしも電子で満たされているわけではない。

💤 寝る前にもう一度

☆ 電子殻は，内側から軽め。
☾「ボーアの原子模型の中心を書くぞ。」「よーし！」

6. 原子模型②

★ 今夜おぼえること

☆原子を結びつける価電子。

最外殻電子のうち、結合に使われる電子を価電子というよ。

🌙ゴロ合わせ 変ね。ある栗、キラッ!とした気がする。
He, Ne,　Ar, Kr,　Xe, Rn　　希ガス

He, Ne, Ar, Kr, Xe, Rnは希ガスに分類され、イオンになったり、結合したりはしないよ。そのため、これらの原子の価電子は「0」とするんだ。

★今夜のおさらい

☆ 最も外側の電子殻に収容されている電子を，最外殻電子といいます。

　最外殻電子のうち，結合に使われる電子を価電子といいます。

☽ 希ガスに分類されるHe，Ne，Ar，Kr，Xe，Rnの価電子は「0」とします。

・HeのK殻，NeのL殻のように，最大数の電子で満たされている電子殻を閉殻といい，その電子配置は安定です。

・最外殻電子の数が8個（このような電子配置をオクテットといいます）のAr，Kr，Xe，Rnの電子配置も，閉殻と同様に安定です。

原子	原子番号	電子殻					
		K	L	M	N	O	P
He	2	②					
Ne	10	2	⑧				
Ar	18	2	8	⑧			
Kr	36	2	8	18	⑧		
Xe	54	2	8	18	18	⑧	
Rn	86	2	8	18	32	18	⑧

希ガス以外は，最外殻電子と価電子は，同じ電子を指すよ。

💤寝る前にもう一度

☆ 原子を結びつける価電子。
☽ 変ね。ある栗，キラッ！とした気がする。

7. 元素の周期表①

★今夜おぼえること

★★ ゴロ合わせ 水兵リーベぼくのふね。
　　　　　　 H He Li Be B C N O F Ne

名前ある競輪エス号, 縁がある。
Na Mg　 Al　Si P　S　 Cl　　Ar

かかるスコッチ, バナクロム。
K Ca　 Sc Ti　　 V　 Cr

マンガ, 徹子にどう？
Mn　 Fe Co Ni Cu

会えんが, ゲルマの斡旋は
Zn　　 Ga　　Ge　 As Se

シュークリーム。
Br　 Kr

★ 今夜のおさらい

族 周期	1	2	3	4	5	6	7	8	9	10	11	12	13	14	15	16	17	18
1	H																	He
2	Li	Be											B	C	N	O	F	Ne
3	Na	Mg											Al	Si	P	S	Cl	Ar
4	K	Ca	Sc	Ti	V	Cr	Mn	Fe	Co	Ni	Cu	Zn	Ga	Ge	As	Se	Br	Kr
5	Rb	Sr	Y	Zr	Nb	Mo	Tc	Ru	Rh	Pd	Ag	Cd	In	Sn	Sb	Te	I	Xe
6	Cs	Ba	ランタノイド	Hf	Ta	W	Re	Os	Ir	Pt	Au	Hg	Tl	Pb	Bi	Po	At	Rn
7	Fr	Ra	アクチノイド	Rf	Db	Sg	Bh	Hs	Mt	Ds	Rg	Cn		Fl		Lv		

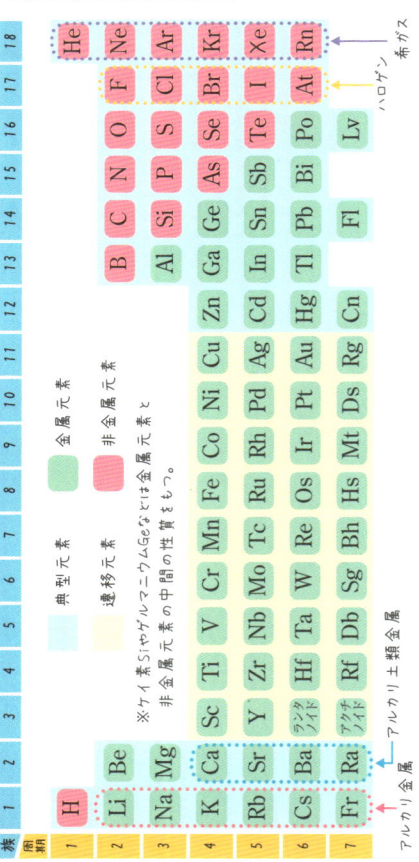

典型元素 　遷移元素

金属元素 　非金属元素

※ケイ素SiやゲルマニウムGeなどは非金属元素と金属元素の中間の性質をもつ。

← アルカリ金属
← アルカリ土類金属
← ハロゲン
← 希ガス

元素を原子番号順に並べ、化学的性質が似たものをたて(縦)に元素が並列になるように並べたものを元素の**周期表**といいます。

周期表の横の行を**周期**、縦の列を**族**といいます。

☆ 寝る前にもう一度

水兵リーベぼくの舟。名前ある競輪エスクき号、縁があるスコッチ、バナロゴムのマンガン、鉄子にどうぞ会えんが、ゲルマの幹旋はシュークリーム。

8. 元素の周期表②

★ 今夜おぼえること

1族 アルカリ金属

同じ族の元素を 同族元素 というよ。

★ ゴロ合わせ **金がある、リッチな彼から、**
　　　　　アルカリ金属　　　　Li　Na　K

ルビーをせしめてフランスへ。
　Rb　　　　Cs　　　　　Fr

同族元素は化学的性質がよく似ているんだ。

2族 アルカリ土類金属

🌙 ゴロ合わせ **カストロのバラがあるど。**
　　　　　　Ca　Sr　　Ba Ra　アルカリ土類金属

17族 ハロゲン

✨ ゴロ合わせ **ハロー！**
　　　　　　ハロゲン

ふっくら収容アスタチン。
　F　Cl　Br　I　　At

※18族希ガスは、p.37にあります。

★ 今夜のおさらい

🌟 Hをのぞく1族の元素（Li, Na, K, Rb, Cs, Fr）を アルカリ金属 といいます。
- 反応しやすい。
- 常温で水と反応して 水素 を発生する。
- 1価の陽イオンになりやすい。

🌙 Be, Mgをのぞく2族の元素（Ca, Sr, Ba, Ra）を アルカリ土類金属 といいます。
- アルカリ金属と化学的性質が似ている。
- 常温で水と反応して 水素 を発生する。
- 2価の陽イオンになりやすい。

✨ 17族の元素を ハロゲン といいます。
- 1価の陰イオンになりやすい。
- 単体には、物質を酸化させるはたらきがある。

🌙 18族の元素を 希ガス といいます。
- ほとんど化合物をつくらず、単原子分子として存在する。
- 最外殻電子を価電子と呼ばない。

💤 寝る前にもう一度

🌟 金がある，リッチな彼から，ルビーをせしめてフランスへ。
🌙 カストロのバラがあるど。
✨ ハロー！ ふっくら収容アスタチン。

9. 元素の周期表③

★今夜おぼえること

✪右上ほど陰イオンになりやすい非金属元素。

左下ほど陽イオンになりやすい金属元素。

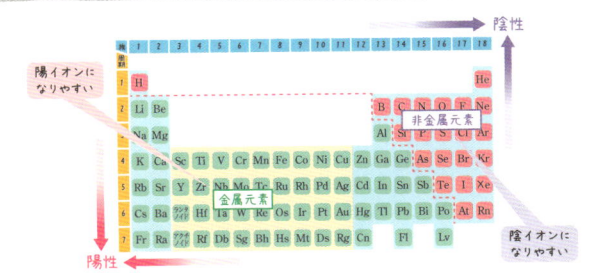

☾族が同じだと性質がとても似ている典型元素。

族が違っていても性質が似ている遷移元素。

※元素の周期表は、p.40にあります。

★ 今夜のおさらい

🌸 非金属元素と金属元素

非金属元素	・常温で, 固体や気体の単体が多い。 ・単体は, 熱や電気を 伝えにくい 。 ・右上にある非金属元素ほど, 陰性が強い (陰イオン になりやすい。希ガスは除く)。
金属元素	・元素全体の約80%を占める。 ・単体は 金属光沢 があり, 熱や電気を伝えやすい。 ・左下にある金属元素ほど, 陽性が強い (陽イオン になりやすい)。

🌙 典型元素と遷移元素

典型元素	・1・2族と12～18族の元素。 ・金属元素と非金属元素が約半分ずつ含まれる。 ・同族元素の価電子の数は同じなので, 化学的性質は よく似ている 。
遷移元素	・3～11族の元素。 ・すべて金属元素。 ・価電子の数はどれも 1個または2個 。 ・同周期の 隣り合う元素 と化学的性質が似ていることが多い。

💤 寝る前にもう一度

- 🌸 右上ほど陰イオンになりやすい非金属元素。
  左下ほど陽イオンになりやすい金属元素。
- 🌙 族が同じだと性質がとても似ている典型元素。
  族が違っていても性質が似ている遷移元素。

10. 元素の周期表④

★今夜おぼえること

☆周期性…同じ現象が一定間隔で繰り返されること。

☾整列した元素は、よく似たものが繰り返される。

元素を原子番号順に並べると、性質のよく似た元素が一定間隔で現れる。これを元素の周期律というんだ。

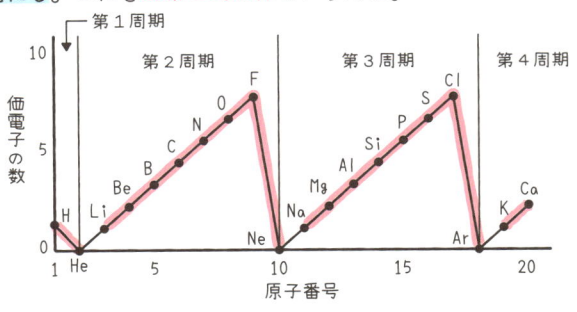

★ 今夜のおさらい

🌠 同じ現象が一定間隔で繰り返されることを 周期性がある といいます。

🌙 元素の周期律には、次のようなものがあげられます。
- 価電子の数
- 第一イオン化エネルギー
- 単体の融点
- 原子半径　　　　　　　　　　など

価電子の数の周期律

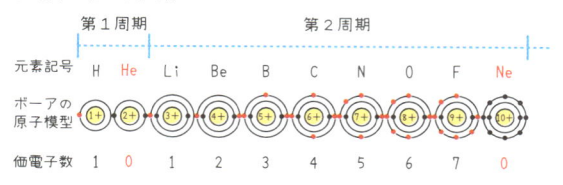

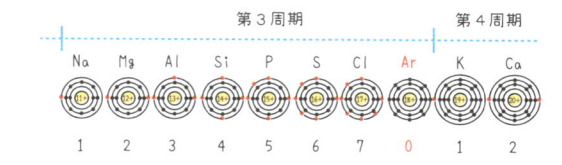

	第1周期		第2周期							
元素記号	H	He	Li	Be	B	C	N	O	F	Ne
ボーアの原子模型										
価電子数	1	0	1	2	3	4	5	6	7	0

	第3周期							第4周期	
	Na	Mg	Al	Si	P	S	Cl	Ar	K	Ca
	1	2	3	4	5	6	7	0	1	2

💤 寝る前にもう一度

🌠 周期性…同じ現象が一定間隔で繰り返されること。
🌙 整列した元素は、よく似たものが繰り返される。

11. 元素の周期表⑤

★今夜おぼえること

✪目指すは希ガス。

　原子は，電子を放出したり受け取ったりして，**原子番号が最も近い希ガスと同じ電子配置**になろうとします。電子を放出すると**陽イオン**になり，電子を受け取ると**陰イオン**になります。

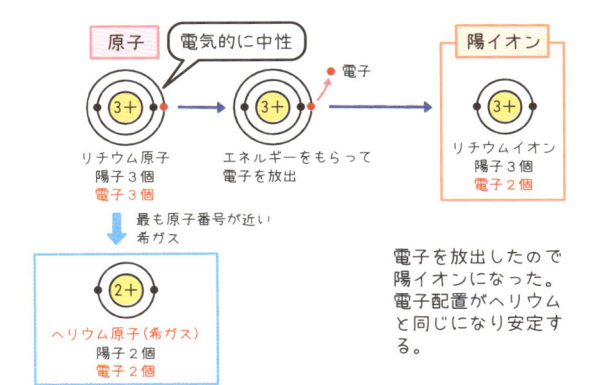

原子（電気的に中性）
リチウム原子
陽子3個
電子3個

エネルギーをもらって電子を放出

陽イオン
リチウムイオン
陽子3個
電子2個

最も原子番号が近い希ガス

ヘリウム原子（希ガス）
陽子2個
電子2個

電子を放出したので陽イオンになった。電子配置がヘリウムと同じになり安定する。

☾同周期…原子番号が大きいほうが陽イオンになりにくい。

同族…原子番号が大きいほうが陽イオンになりやすい。

★ 今夜のおさらい

🌙 原子が電子を放出したり受け取ったりして、原子番号が最も近い 希ガス と同じ電子配置になろうとするのは、希ガスの電子配置がとても安定しているからです。

🌙 電子のやり取りには、エネルギーの出入りが伴います。気体状態の原子1個から最外殻電子1個を取り去って1価の陽イオンにするのに必要なエネルギーを 第一イオン化エネルギー といいます。

- 同周期では…原子番号が増加すると第一イオン化エネルギーが大きくなる。→原子番号が大きいほうが陽イオンに なりにくい 。
- 同族では…原子番号が増加すると第一イオン化エネルギーが小さくなる。→原子番号が大きいほうが陽イオンに なりやすい 。

💤 寝る前にもう一度

🌙 目指すは希ガス。
🌙 同周期…原子番号が大きいほうが陽イオンになりにくい。
　同族…原子番号が大きいほうが陽イオンになりやすい。

1. 陽イオン，陰イオンのでき方

★ 今夜おぼえること

✨物質がイオンになること…電離。

電離する物質…電解質。

電離しない物質…非電解質。

🌙電子がインして
<u>電子を受け取る</u>
陰イオン。

原子が電子を失うと，陰イオンになるよ。

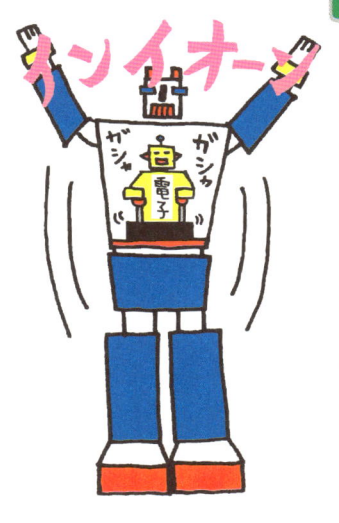

3章

★ 今夜のおさらい

🌟 電解質 である塩化ナトリウムを水に溶かすと、マイナスの電荷を帯びた塩化物イオンと、プラスの電荷を帯びたナトリウムイオンに 電離 します。これらのイオンが存在するため、塩化ナトリウム水溶液などの 電解質水溶液 には電気を流すことができます。
　 非電解質 は水に溶けても電離しないので、 非電解質水溶液 には電気を流すことができません。

🌙 原子は、電子のやり取りによって、原子番号の一番近い希ガスと同じ、安定な電子配置になろうとします。
　このとき、電子を受け取ると陽子よりも電子の数が多くなるので、負電荷を帯びた 陰イオン となります。
　また、電子を放出すると電子よりも陽子の数が多くなるので、正電荷を帯びた 陽イオン となります。

💤 寝る前にもう一度

🌟 物質がイオンになること…電離。
　電離する物質…電解質。
　電離しない物質…非電解質。
🌙 電子がインして陰イオン。

2. イオンの表記

★ 今夜おぼえること

★★ ゴロ合わせ 単なる陰イオンは化け物。
単原子イオン　　　　　　　　～化物イオン

[単原子イオンのイオン名]
- 陽イオン…「元素名」+「イオン」（例）ナトリウムイオン
- 陰イオン…「元素名」-「最後の1文字」+「化物イオン」
　　　　　　　（例）塩化物イオン

● ゴロ合わせ 多原子になったら，化け物か
多原子イオン　　　　　　　　　～化物イオン

「さん」付け。
～酸イオン

[多原子イオンのイオン名]
- 固有の名前をもっている。
- 陰イオンは「～化物イオン」「～酸イオン」の2種類。

★ 今夜のおさらい

☪ イオン式の書き方

$\underset{\text{ナトリウムイオン}}{Na^+}$ 価数「1」は省略 ↑ 電荷の符号

$\underset{\text{硫化物イオン}}{S^{2-}}$ ← 価数

$\underset{\text{アンモニウムイオン}}{NH_4^+}$ ← 価数「1」は省略

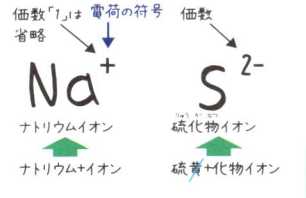

ナトリウム+イオン　硫黄+化物イオン

窒素原子1個と水素原子4個でできた多原子イオンで、全体として+1の電荷を帯びていることを表している

☾ 主なイオンの名称とイオン式

分類	価数	イオンの名称	イオン式	分類	価数	イオンの名称	イオン式
陽イオン	1価	水素イオン	H^+	陰イオン	1価	塩化物イオン	Cl^-
		ナトリウムイオン	Na^+			臭化物イオン	Br^-
		銅(Ⅰ)イオン	Cu^+			ヨウ化物イオン	I^-
		銀イオン	Ag^+			水酸化物イオン	OH^-
		アンモニウムイオン	NH_4^+			硝酸イオン	NO_3^-
		オキソニウムイオン	H_3O^+			炭酸水素イオン	HCO_3^-
						酢酸イオン	CH_3COO^-
	2価	亜鉛イオン	Zn^{2+}		2価	硫化物イオン	S^{2-}
		鉄(Ⅱ)イオン	Fe^{2+}			炭酸イオン	CO_3^{2-}
		銅(Ⅱ)イオン	Cu^{2+}			硫酸イオン	SO_4^{2-}
	3価	アルミニウムイオン	Al^{3+}		3価	リン酸イオン	PO_4^{3-}
		鉄(Ⅲ)イオン	Fe^{3+}				

■ は多原子イオン。他は単原子イオン。

💤 寝る前にもう一度

- ☆ 単なる陰イオンは化け物。
- ☾ 多原子になったら、化け物か「さん」付け。

3. 電子の授受①

★ 今夜おぼえること

🌟 電子を奪うには、イオン化エネルギーが必要。

イオン化エネルギーが小さい原子は陽イオンになりやすいといえるよ。

🌙 電子を受け取ると、電子親和力を放出。

電子親和力が大きい原子は1価の陰イオンになりやすいといえるよ。

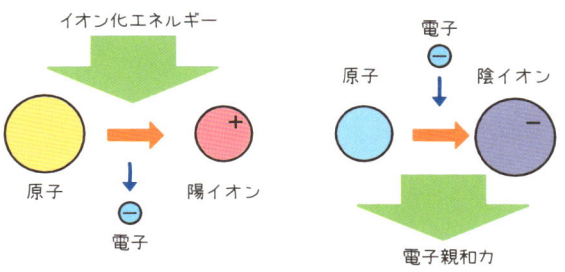

★ 今夜のおさらい

☆ 気体状態の原子1個から最外殻電子1個を取り去って、1価の陽イオンにするのに必要なエネルギーを 第一イオン化エネルギー といいます。

周期が同じ原子では、原子番号が小さい原子ほどイオン化エネルギーが 小さい ので、1族元素（アルカリ金属）は陽イオンになりやすいといえます。

イオン化エネルギーが小さい原子
　　→ 電子が取れやすいので、陽イオンになりやすい。

イオン化エネルギーが大きい原子
　　→ 電子が取れにくいので、陽イオンになりにくい。

☾ 電気的に中性な原子1個が電子1個を受け取り、1価の陰イオンになるときに放出されるエネルギーを 電子親和力 といいます。

周期が同じ原子では 希ガスに近い原子ほど電子親和力が 大きい ので、17族元素（ハロゲン）の原子は陰イオンになりやすいといえます。

💤 寝る前にもう一度

- ☆ 電子を奪うには、イオン化エネルギーが必要。
- ☾ 電子を受け取ると、電子親和力を放出。

4. 電子の授受②

★今夜おぼえること

☆イオンの大きさ，イオン半径。

イオンの原子核の中心から最外殻電子までの距離を，イオン半径というよ。

☽陽は小さく，陰は大きく。

陽イオンは原子が価電子を失ったものなので，もとの原子の大きさよりも小さくなるよ。陰イオンは原子が電子を受け取ったものなので，もとの原子の大きさよりも大きくなるよ。

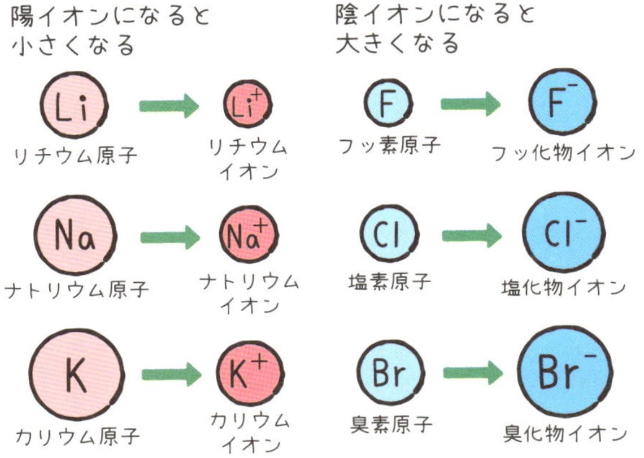

陽イオンになると小さくなる

- Li リチウム原子 → Li⁺ リチウムイオン
- Na ナトリウム原子 → Na⁺ ナトリウムイオン
- K カリウム原子 → K⁺ カリウムイオン

陰イオンになると大きくなる

- F フッ素原子 → F⁻ フッ化物イオン
- Cl 塩素原子 → Cl⁻ 塩化物イオン
- Br 臭素原子 → Br⁻ 臭化物イオン

★今夜のおさらい

✿原子における原子核の中心から最外殻電子までの距離を 原子半径 といいます。

また、イオンにおける原子核の中心から最外殻電子までの距離を イオン半径 といいます。

同じ電子配置のイオンでは、原子番号が大きいほど、イオン半径が小さくなります。

ネオン原子と同じ電子配置のイオンの大小関係

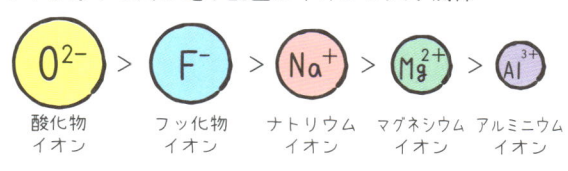

O^{2-} > F^- > Na^+ > Mg^{2+} > Al^{3+}

酸化物イオン　フッ化物イオン　ナトリウムイオン　マグネシウムイオン　アルミニウムイオン

☽原子が価電子を失って 陽イオン になると、もとの原子の大きさよりも 小さく なります。

また、原子が電子を受け取って 陰イオン になると、もとの原子の大きさよりも 大きく なります。

💤寝る前にもう一度
- ✿イオンの大きさ、イオン半径。
- ☽陽は小さく、陰は大きく。

5. イオン結合

☐ 月 日
☐ 月 日

★ 今夜おぼえること

🌠 **クーロン力で引き合うイオン結合。**

🌙 ゴロ合わせ **イオン結晶の特徴は,**

<u>You</u>, <u>電気流</u>して<u>平気かい？</u>
融点　電気伝導性　　　　へき開

★ 今夜のおさらい

☆ 一般に，金属原子と非金属原子が反応すると，金属原子は価電子を失って陽イオンになり，非金属原子は電子を受け取って陰イオンになります。これらは異なる電気をもっているので**静電気的な引力**（ クーロン力 ）がはたらき，互いに引き合い結びつきます。これを イオン結合 といいます。

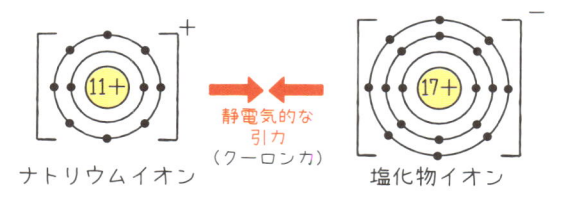

ナトリウムイオン　→ 静電気的な引力（クーロン力）←　塩化物イオン

☽ イオン結合によってできたイオン結晶には，次のような特徴があります。

- 結合力が比較的 強く ，融点や沸点が 高い ものが多い。
- 固体では電気を流さないが，融解液や水溶液は電気を流す。
- 硬いが，割れやすい性質をもっている（ へき開 ）。

💤 寝る前にもう一度

☆ クーロン力で引き合うイオン結合。
☽ イオン結晶の特徴は，You，電気流して平気かい？

6. 共有結合 ①

★ 今夜おぼえること

☆足りない電子を共有して分子になろう。

非金属原子どうしが，不足している分の電子をお互いに共有して結びつき，分子になる結合を共有結合というよ。

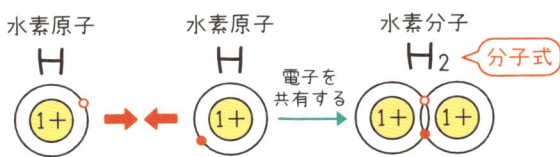

水素原子　　水素原子　　　　　　　水素分子
H　　　　　H　　　　　　　　H_2　〈分子式〉
（1+）→ ←（1+）　電子を共有する　（1+）（1+）

希ガスのヘリウム原子と同じ電子配置になっているよ。

☽共有結合で，電子配置は希ガスと同じ。

共有結合によってできた分子を構成する各原子の電子配置は，希ガスと同じになっているよ。

★ 今夜のおさらい

😊 希ガス以外の非金属元素は,お互いに足りない分の電子を共有して希ガスと同じ安定した電子配置になろうとします。このような結合を 共有結合 といいます。

・非金属原子どうしが共有結合で結びついた粒子を 分子 といいます。

・分子を構成している原子の「種類」と「数」で表した式を 分子式 といいます。

🌙 共有結合によって結びついている分子を構成する各原子の電子配置は, 希ガス と同じになります。

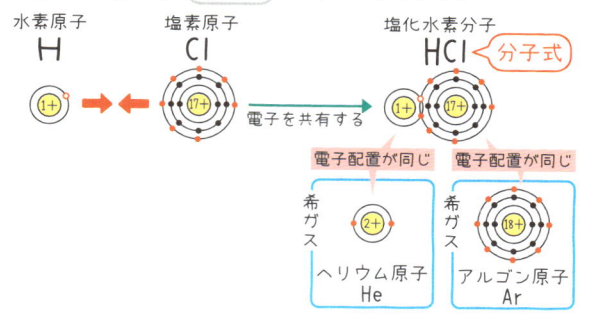

水素原子 H 塩素原子 Cl →電子を共有する→ 塩化水素分子 HCl 分子式

電子配置が同じ — 希ガス ヘリウム原子 He
電子配置が同じ — 希ガス アルゴン原子 Ar

💤 寝る前にもう一度

😊 足りない電子を共有して分子になろう。
🌙 共有結合で,電子配置は希ガスと同じ。

7. 共有結合②

★ 今夜おぼえること

✪最外殻電子を「・」で表す電子式。

最外殻電子を表す「・」を元素記号のまわりに書いて電子配置や原子どうしの結合を表したものを電子式というよ。

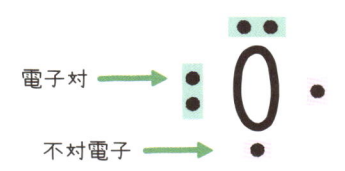

電子対 → :Ö・
不対電子 →

☽共有電子対1組の単結合なら, 構造式の価標も1本。

非共有電子対
H:Ö: ←電子式
  H
共有電子対

構造式に書きかえると

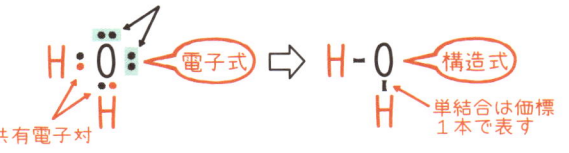

H−O ←構造式
  H
単結合は価標1本で表す

★ 今夜のおさらい

☆ 電子式で，「・」1個で書かれた電子を 不対電子 ，2個1組で書かれた電子を 電子対 といいます。

いろいろな原子の電子式

	1族	14族	15族	16族
電子式	H・	・Ċ・	・Ṡi・	・N̈・	:Ö・ ・S̈・
不対電子	1	4	3	2

	17族	18族
電子式	:F̈・ :C̈l・	He: :Ne: :Är:
不対電子	1	0

☾ 不対電子をもつ原子どうしが，共有結合で結びつくときに不対電子を出し合い，共有してできた電子対を 共有電子対 といいます。また，共有結合に関係しない電子対を 非共有電子対 といいます。

・共有電子対1組を書きかえた1本の線を 価標 といい，価標を使って原子の結びつきを表したものを 構造式 といいます。また，原子1個から出ている価標の数を 原子価 といいます。

💤 寝る前にもう一度

☆ 最外殻電子を「・(てん)」で表す電子式。
☾ 共有電子対1組の単結合なら，構造式の価標も1本。

8. 共有結合③

★ 今夜おぼえること

😊 共有電子対が2組あれば二重結合。3組あれば三重結合。

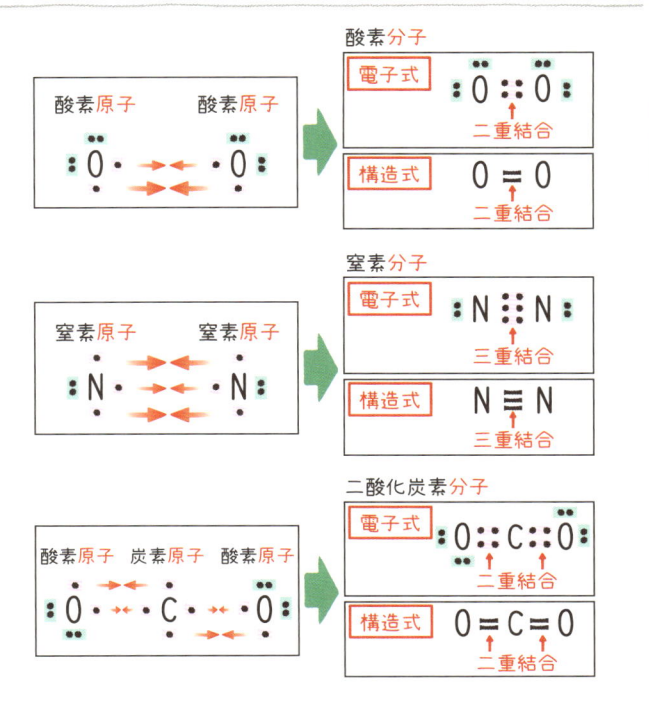

酸素分子

酸素原子 + 酸素原子 →

電子式: :Ö::Ö: （二重結合）

構造式: O＝O （二重結合）

窒素分子

窒素原子 + 窒素原子 →

電子式: :N⋮⋮N: （三重結合）

構造式: N≡N （三重結合）

二酸化炭素分子

酸素原子 + 炭素原子 + 酸素原子 →

電子式: :Ö::C::Ö: （二重結合）

構造式: O＝C＝O （二重結合）

★ 今夜のおさらい

🌟 共有電子対 2 組で結びついた結合を 二重結合 といい，構造式では 2 本の価標で表します。また，共有電子対 3 組で結びついた結合を 三重結合 といい，構造式では 3 本の価標で表します。

物質名 （分子式）	電子式		構造式	分子のモデル	
水素 (H_2)	H:H	単結合	H−H		直線形
水 (H_2O)	H:Ö:H	単結合	H−O−H		折れ線形
アンモニア (NH_3)	H:N̈:H 　H	単結合	H−N−H 　H		三角すい形
メタン (CH_4)	H H:C:H 　H	単結合	H H−C−H 　H		正四面体形
二酸化炭素 (CO_2)	:Ö::C::Ö:	二重結合	O=C=O		直線形

分子式，電子式，構造式，イオン式，組成式などをまとめて，「化学式」というよ。

💤 寝る前にもう一度

🌟 共有電子対が 2 組あれば二重結合。3 組あれば三重結合。

9. 共有結合④

★今夜おぼえること

★「『非共有』を『共有』? わけわかんない!」「はい。」
（非共有電子対）
（配位結合）

🌙 **錯イオン**…分子や陰イオンのもつ非共有電子対を，金属元素の陽イオン（金属イオン）と共有して配位結合したイオン。

★ 今夜のおさらい

🌟 分子や陰イオンを構成している原子が，他の陽イオンと非共有電子対を共有する結合を 配位結合 といいます。

・アンモニア分子は，窒素原子のもつ1組の非共有電子対を水素イオンと共有して配位結合し， アンモニウムイオン をつくります。

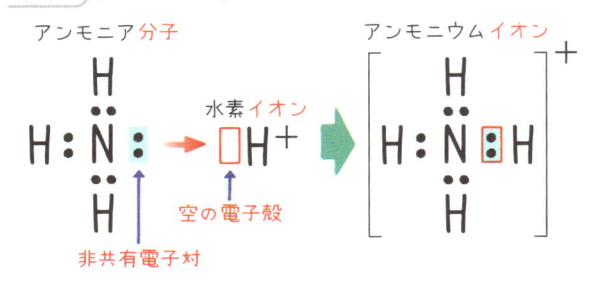

```
       アンモニア分子                          アンモニウムイオン
                                                              ⁺
         H                                       ⎡   H    ⎤
         ..                       水素イオン      ⎢   ..   ⎥
      H:N:  →   □H⁺         ⎢ H:N:H ⎥
         ..         ↑                              ⎢   ..   ⎥
         H       空の電子殻                        ⎣   H    ⎦
         ↑
     非共有電子対
```

🌙 金属元素の陽イオンに配位子が配位結合すると 錯イオン が生成されます。

・ 配位子 …金属イオンに配位結合する非共有電子対をもった分子やイオン。

💤 寝る前にもう一度

🌟「『非共有』を『共有』？ わけわかんない❢」「はい。」

🌙 錯イオン…分子や陰イオンのもつ非共有電子対を，金属元素の陽イオン（金属イオン）と共有して配位結合したイオン。

10. 共有結合⑤

★今夜おぼえること

☆共有電子対を引っ張る力だ, **電気陰性度**。

☽ゴロ合わせ 電気陰性度の大きさは,「ふぉくるんち金属」。
F＞O＞Cl＞N＞C＞H＞金属

電気陰性度

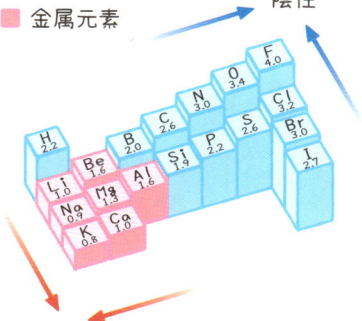

- 🟦 非金属元素
- 🟥 金属元素

陰性 →
陽性 ←

H 2.2
Li 1.0, Be 1.6, B 2.0, C 2.6, N 3.0, O 3.4, F 4.0
Na 0.9, Mg 1.3, Al 1.6, Si 1.9, P 2.2, S 2.6, Cl 3.2
K 0.8, Ca 1.0, Br 3.0
I 2.7

共有電子対は, 電気陰性度が大きいほうの原子に, わずかに引っ張られるよ。

★ 今夜のおさらい

☆ 共有結合した原子が，自分のほうに共有電子対を引っ張る力の強さを数値化したものを 電気陰性度 といいます。

☽ 同じ種類の原子どうしの共有結合では電気陰性度が同じなので電荷はかたよりません。

しかし，異なる種類の原子どうしが結合すると共有電子対は電気陰性度の大きい原子のほうに少しだけ引っ張られます。

共有電子対が一方の原子にかたよった状態を「結合に 極性 がある」といい，結合に極性が生じることを 分極 するといいます。

- 共有電子対を 引っ張った 原子
    …わずかに 負電荷 （ $\delta-$ ）を帯びる。
- 共有電子対を 引っ張られた 原子
    …わずかに 正電荷 （ $\delta+$ ）を帯びる。

💤 寝る前にもう一度

☆ 共有電子対を引っ張る力だ，電気陰性度。
☽ 電気陰性度の大きさは，「ふぉくるんち金属」。

11. 共有結合⑥

★今夜おぼえること

☆結合に極性あれば極性分子，極性なければ無極性分子。

☾三原子分子，直線形なら極性なし。折れ線形なら極性あり。

3章

無極性分子

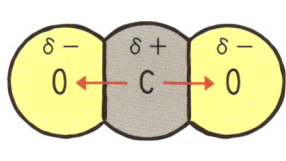

二酸化炭素 CO_2
（直線形）

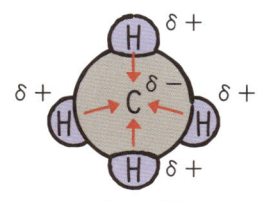

メタン CH_4
（正四面体形）

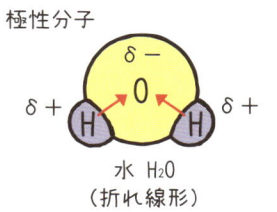

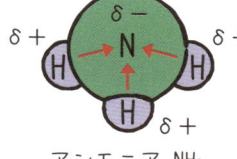

極性分子

水 H_2O
（折れ線形）

アンモニア NH_3
（三角すい形）

★ 今夜のおさらい

☪ 電気陰性度が同じ原子2個で構成された分子は，結合に極性がありません。このような分子を 無極性分子 といいます。

- 分子には，分子を構成する原子の数によって， 単原子分子 （希ガスの原子）， 二原子分子 などがあり，三原子分子以上を 多原子分子 といいます。

☽ 構成する原子の電気陰性度に違いのある多原子分子の中にも，分子全体で結合の極性を打ち消し合った 無極性分子 もあります。

- 二酸化炭素のような**直線形**の多原子分子や，メタンのような**正四面体形**の多原子分子は，分子全体として極性を打ち消し合い， 無極性分子 になるものがあります。
- 水のような**折れ線形**の多原子分子や，アンモニアのような**三角すい形**の多原子分子は，結合の極性が打ち消されず，分子全体として 極性分子 になるものがあります。

💤 寝る前にもう一度

- ☪ 結合に極性あれば極性分子，極性なければ無極性分子。
- ☽ 三原子分子，直線形なら極性なし。折れ線形なら極性あり。

12. 分子結晶と共有結晶①

★ 今夜おぼえること

😊 分子結晶の特徴

- 融点が低く，昇華しやすいものが多い。
- やわらかくて，こわれやすい。
- 固体も融解液も電気を流さない。

🌙 共有結晶の特徴

- 融点がきわめて高い。
- 非常に硬い（黒鉛以外）。
- 水に溶けず，電気を流さない（黒鉛以外）。

> 分子結晶は融点が低く，共有結晶は融点が高いよ。

★ 今夜のおさらい

😺 **分子間力** で引き合ってできた固体の結晶を **分子結晶** といいます。分子間力は非常に弱いのでこわれやすく、ちょっとでも温めると分子の熱運動が活発になって昇華します。

🌙 すべての非金属元素が **共有結合** だけで結びつき、規則正しく配列した結晶を **共有結晶** または **共有結合の結晶** といいます。結合力がとても強いので融点がきわめて高く、非常に硬く、水に溶けず電気を流しません。
（黒鉛はやわらかく、電気を流す。）

分子結晶を つくる物質	斜方硫黄、ヨウ素、ナフタレン、グルコースなど。水、酸素、窒素も、冷却して凝固させると分子結晶を形成する。
共有結晶を つくる物質	炭素やケイ素など、14族の単体、二酸化ケイ素などの化合物。炭素はダイヤモンドや黒鉛、二酸化ケイ素は石英（水晶）などの共有結晶を形成する。

💤 寝る前にもう一度

- 😺 分子結晶の特徴
  - 融点が低く、昇華しやすいものが多い。
  - やわらかくて、こわれやすい。
  - 固体も融解液も電気を流さない。
- 🌙 共有結晶の特徴
  - 融点がきわめて高い。
  - 非常に硬い（黒鉛以外）。
  - 水に溶けず、電気を流さない（黒鉛以外）。

13. 分子結晶と共有結晶②

★ 今夜おぼえること

☆ ゴロ合わせ 炭素があれば勇気りんりん。
炭素原子 / 有機物質

☽ ゴロ合わせ 勇気がなけりゃ，無気力だ。
有機物質以外 / 無機物質

二酸化炭素や一酸化炭素は，炭素原子を含んでいるけど無機物質に分類されるよ。

★ 今夜のおさらい

☆ 炭素原子を骨格とした分子でできた化合物を，有機物質（有機化合物）といいます。

有機化合物のほとんどは，共有結合でできる分子です。
- 構成元素の種類は少ないが，異性体が多くあり，化合物の数は数百万種類といわれる。
- 融点や沸点の低いものが多い。
- 水に溶けにくいものが多い。

※ CO，CO_2，炭素塩などは，炭素原子を含んでいますが有機物質には分類しません。

☾ 有機物質に含まれない物質を，無機物質（無機化合物）といいます。

COやCO_2は炭素原子を含んでいますが，無機物質に分類します。

燃やしたときに二酸化炭素を発生するのは，有機物質だよ。

金属は無機物質だよ。

💤 寝る前にもう一度
- ☆ 炭素があれば勇気りんりん。
- ☾ 勇気がなけりゃ，無気力だ。

14. 金属結合 ①

★ 今夜おぼえること

☆金属原子を結びつける自由電子。

金属原子は, 金属全体を自由に動き回る自由電子の, 静電気的な力で結びついているんだ。

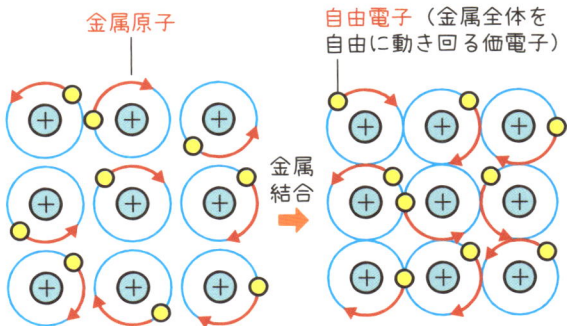

金属原子 → 自由電子（金属全体を自由に動き回る価電子）

電子殻が重なり合っているね。

🌙ゴロ合わせ 金属結晶は,

<u>エン</u>・<u>テン</u>・<u>デン</u>・<u>ネツ</u>・<u>コウ</u>。
延性　展性　電気伝導性　熱伝導性　金属光沢

★ 今夜のおさらい

✪ 金属原子には価電子を放出しやすい性質があり、金属原子どうしが集まり、隣り合った電子殻の一部が重なると、価電子は電子殻を伝わって金属全体を自由に移動するようになります。この金属全体を自由に動き回る電子が 自由電子 です。

　自由電子がすべての金属原子に共有されてできる結合を 金属結合 といいます。また、金属結合によって規則正しく配列した結晶を 金属結晶 といいます。

　金属を化学式で表すときには、 組成式 で表します。

☾ 金属結晶 には、一般に次のような特徴があります。
- 融点が高いものから低いものまである。
- 延性 （細く線状に延ばすことができる性質）や、 展性 （うすく箔状に広げることができる性質）がある。
- 電気伝導性 や 熱伝導性 が大きい。
- 金属光沢 がある。

💤 寝る前にもう一度
- ✪ 金属原子を結びつける自由電子。
- ☾ 金属結晶は、エン・テン・デン・ネツ・コウ。

15. 金属結合②

★今夜おぼえること

☆合金, めっきでさびをブロック。

さびやすい鉄も, クロムやニッケルとの合金にしたり, めっきをしたりすると, さびを防ぐことができます。

☽ 語呂合わせ 「さびにくくて, 熱や電気を伝える金属どう?」「もっと軽くて加工しやすいのもある。」

どう? → 銅
ある → アルミニウム

★ 今夜のおさらい

≪鉄の特徴≫
- 現在、最も多量に使われている。
- 融点が高い。
- **酸素と結合しやすく、さびやすい。**
- クロムやニッケルとの 合金 （ ステンレス鋼 ）にしたり、めっき （表面をスズや亜鉛などの被膜で覆う）をしたりして、さびを防ぐ。
- **少量の炭素を含む鋼鉄は強度が強く、**建築材などに利用される。

≪銅の特徴≫
- 特徴的な赤い金属光沢がある。
- 熱や電気の伝導性が高い。
- 合金…黄銅、青銅、白銅など。

≪アルミニウムの特徴≫
- **延性、展性に富み、加工しやすい。**
- 鉄や銅に比べて密度が小さい**軽金属**。
- さびにくく、熱や電気の伝導性が高い。

💤 寝る前にもう一度
- ☆ 合金、めっきでさびをブロック。
- ☽「さびにくくて、熱や電気を伝える金属どう？」「もっと軽くて加工しやすいのもある。」

16. 結合・結晶

★ 今夜おぼえること

★ 結合はキン・イ・キョウ。
金属結合 イオン結合 共有結合

結晶はキン・イ・ブン・キョウ。
金属結晶 イオン結晶 分子結晶 共有結晶

☾ 結合の強さは、今日、いい気分。
共有結合≧イオン結合・金属結合＞分子間力

3章

★ 今夜のおさらい

さまざまな化学結合と物質の性質

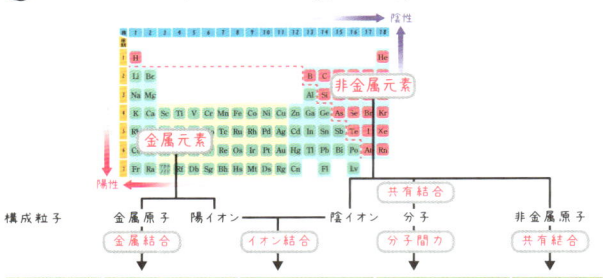

結晶の種類	金属結晶	イオン結晶	分子結晶	共有結晶
沸点・融点の特徴	高いものから低いものまでいろいろある	高い	低いものが多く昇華しやすいものもある	非常に高い
電気伝導性 固体	流す	流さない	流さない	流さない（黒鉛は流す）
電気伝導性 水溶液	−	流す	−	−
電気伝導性 融解液	流す	流す	流さない	−
機械的性質	延性・展性がある	硬いが，割れやすい	やわらかく，こわれやすい	非常に硬い（黒鉛はやわらかい）
化学式	組成式	組成式	分子式	組成式
物質の例	ナトリウム Na 鉄 Fe 銅 Cu アルミニウム Al	塩化ナトリウム NaCl 酸化鉄(Ⅲ) Fe_2O_3 硫酸銅(Ⅱ) $CuSO_4$	ヨウ素 I_2 水 H_2O 二酸化炭素 CO_2	ダイヤモンド C 黒鉛 C ケイ素 Si 二酸化ケイ素 SiO_2

💤 寝る前にもう一度

- ★ 結合はキン・イ・キョウ。結晶はキン・イ・ブン・キョウ。
- ☾ 結合の強さは，今日，いい気分。

1. 原子量

★今夜おぼえること

☆単位で表す絶対質量。
比べて表す相対質量。

原子の相対質量は, 炭素原子 ^{12}C 1個の質量を12として他の原子の質量比を決めているよ。

☾原子量…元素に含まれるそれぞれの同位体の相対質量の平均値。

同位体が A, B, C の 3 種類ある場合
原子量 = {(同位体 A の相対質量)×(同位体Aの存在比)} +
　　　　{(同位体 B の相対質量)×(同位体Bの存在比)} +
　　　　{(同位体 C の相対質量)×(同位体Cの存在比)}

おもな元素の原子量の概数値

元素	H	C	N	O	Na	Mg	Al
原子量	1.0	12	14	16	23	24	27

元素	S	Cl	K	Ca	Fe	Cu	Zn
原子量	32	35.5	39	40	56	63.5	65

★ 今夜のおさらい

☾ 「g」などの単位で表した物質の質量を 絶対質量 といいます。絶対質量は日常的によく使いますが, 原子のように, はかりなどでは測定できないほど小さい質量を表すには不向きです。

そこで, 「炭素原子 ^{12}C 1個の質量を12とする」 という基準を決め, 他の原子の質量を比で表したものを 相対質量 といいます。

☽ 自然界の炭素の原子量の計算

^{12}C …相対質量12, 存在比98.93%
^{13}C …相対質量13.00, 存在比1.07%

$$炭素の原子量 = 12 \times \frac{98.93}{100} + 13.00 \times \frac{1.07}{100}$$
$$≒ 12.01$$

💤 寝る前にもう一度

- ☾ 単位で表す絶対質量。 比べて表す相対質量。
- ☽ 原子量…元素に含まれるそれぞれの同位体の相対質量の平均値。

2. 分子量と式量

★ 今夜おぼえること

�19 分子の質量を相対質量で表したのが分子量。

水素分子H_2の分子量を求める

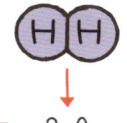

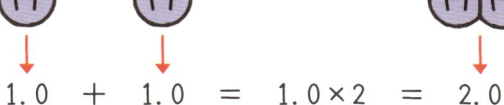

$\underline{1.0}$ + 1.0 = 1.0×2 = $\underline{2.0}$

H原子の原子量　　　　　　　　　　　H_2分子の分子量

☽ 分子が存在しない物質は式量。

H_2
分子をつくる。
→ 分子量

NaCl
分子をつくらない。
→ 式量

分子をつくらない物質は, 分子量じゃ表せないもんね。

★ 今夜のおさらい

🌟 分子やイオンの質量を比較するときも、原子量と同じように $^{12}C=12$ を基準にした 相対質量 を用います。

分子の中に含まれる原子の原子量の総和を 分子量 といいます。

$$CO_2 \text{の分子量} = \underset{C\text{の原子量}}{12} \times 1 + \underset{O\text{の原子量}}{16} \times 2 = 44$$

🌙 イオン結晶や金属のように、分子が存在しない物質では、分子量に相当するものとして 式量 を用います。

式量は、組成式やイオン式に含まれる原子の原子量の総和です。

$$Ca(OH)_2 \text{の式量} = \underset{Ca\text{の原子量}}{40} \times 1 + (\underset{O\text{の原子量}}{16} \times 1 + \underset{H\text{の原子量}}{1.0} \times 1) \times 2 = 74$$

$$SO_4^{2-} \text{の式量} = \underset{S\text{の原子量}}{32} \times 1 + \underset{O\text{の原子量}}{16} \times 4 = 96$$

💤 寝る前にもう一度
- 🌟 分子の質量を相対質量で表したのが分子量。
- 🌙 分子が存在しない物質は式量。

3. 物質量①

★今夜おぼえること

★★★ ゴロ合わせ アボカドを 1 盛り。
　　　　　　アボガドロ数　　1 mol

純物質 1 mol に含まれる分子やイオンなどの粒子の数 6.02×10^{23} をアボガドロ数というよ。

^{12}C 原子の 12g の中に含まれる原子と同じ個数の粒子を含む物質の量を、 1 mol というよ。

☾ 鉛筆は 1 ダース単位，原子は 1 mol 単位で扱います。

モル (mol) を単位として表した粒子の量を物質量というよ。

★ 今夜のおさらい

☾ 原子量の基準である ^{12}C 12gの中には，^{12}C 原子が「6.02×10^{23}」個含まれています。この「6.02×10^{23}」を アボガドロ数 といいます。

・アボガドロ数（6.02×10^{23}）個の粒子の集団を 1モル（mol）といいます。

☽ 1molあたりの粒子の数 6.02×10^{23}/mol を アボガドロ定数（N_A）といいます。物質量とアボガドロ定数には，次のような関係があります。

$$物質量(mol) = \frac{粒子の個数}{6.0 \times 10^{23}/mol}$$

> [水素分子 2.4×10^{23} 個の物質量]
> $$\frac{2.4 \times 10^{23}}{6.0 \times 10^{23}} = \frac{2.4}{6.0} = 0.40 mol$$
> [水素分子0.25molに含まれる水素分子の数]
> $0.25 mol \times 6.0 \times 10^{23}/mol = 1.5 \times 10^{23}$ 個

💤 寝る前にもう一度

- ☾ アボカドを1盛り。
- ☽ 鉛筆は1ダース単位，原子は1mol単位で扱います。

4. 物質量②

★今夜おぼえること

☆原子量・分子量・式量の, 単位を変えればモル質量。

物質1molあたりの質量を, モル質量といいます。モル質量は, 原子量・分子量・式量にg/molをつけて表します。

| 炭素
Cの原子量
12
↓
モル質量
12g/mol | 水
H_2Oの分子量
18
↓
モル質量
18g/mol | 塩化ナトリウム
NaClの式量
58.5
↓
モル質量
58.5g/mol |

☾物質量(mol) = $\dfrac{物質の質量(g)}{モル質量(g/mol)}$

上の式を変形すると, 次のようになるよ。

物質の質量(g) = 物質量(mol) × モル質量(g/mol)

モル質量(g/mol) = $\dfrac{物質の質量(g)}{物質量(mol)}$

★ 今夜のおさらい

✿ 水素1.5gの物質量を求める。(水素の原子量:1.0)

水素Hの原子量が1.0なので、水素H_2の分子量は、1.0×2=2.0。したがって水素H_2のモル質量は 2.0 g/mol。

$$物質量(mol) = \frac{物質の質量(g)}{モル質量(g/mol)}$$

なので、水素1.5gの物質量は、

$$\frac{1.5g}{2.0g/mol} = 0.75 \text{ mol}$$

☾ 窒素0.50molの質量を求める。(窒素の原子量:14)

窒素Nの原子量が14なので、窒素分子N_2の分子量は、14×2=28。したがって窒素N_2のモル質量は 28 g/mol。

物質の質量(g) = 物質量(mol) × モル質量(g/mol)

なので、窒素0.50molの質量は、

0.50mol × 28g/mol = 14 g

💤 寝る前にもう一度

✿ 原子量・分子量・式量の、単位を変えればモル質量。

☾ $物質量(mol) = \dfrac{物質の質量(g)}{モル質量(g/mol)}$

5. 物質量③

★ 今夜おぼえること

✦「すべての気体は，同温・同圧のもとで，同体積中に同数の分子を含む。」…アボガドロの法則。

0℃を，1.013×10^5 Pa（＝1013hPa）を，気体の標準状態というよ。

気体1molの体積をモル体積というよ。

🌙 気体の物質量(mol) ＝ $\dfrac{気体の体積(L)}{22.4 \text{L/mol}}$

✨ 気体のモル質量(g/mol)
＝ 気体の密度(g/L) × 22.4 L/mol

★ 今夜のおさらい

☆ 標準状態における酸素5.6Lの物質量を求める。(気体1 molの体積は22.4L/molとする。)

$$\frac{5.6L}{22.4L/mol} = \boxed{0.25} \text{ mol}$$

☾ アンモニア0.25molの標準状態における体積を求める。(気体1 molの体積は22.4L/molとする。)

$$0.25 \text{mol} \times 22.4 \text{L/mol} = \boxed{5.6} \text{ L}$$

☆ 標準状態における密度が1.25g/Lの気体Xの分子量を求める。(気体1 molの体積は22.4L/molとする。)

$$1.25 \text{g/L} \times 22.4 \text{L/mol} = \boxed{28.0} \text{ g/mol}$$

よって、分子量は $\boxed{28.0}$ 。

💤 寝る前にもう一度

☆ 「すべての気体は、同温・同圧のもとで、同体積中に同数の分子を含む。」…アボガドロの法則。

☾ 気体の物質量(mol) = $\dfrac{\text{気体の体積(L)}}{22.4 \text{L/mol}}$

☆ 気体のモル質量(g/mol)
= 気体の密度(g/L) × 22.4L/mol

6. 溶液の濃度

★今夜おぼえること

😊濃度だけど，分子も分母もグラムじゃないよ，モル濃度。

　モル濃度とは，溶液1Lに溶けている溶質の物質量（mol）を表した濃度だよ。これまで使ってきた質量パーセント濃度は，溶液1gに溶けている溶質の質量（g）を表した濃度。

$$モル濃度(mol/L) = \frac{溶質の物質量(mol)}{溶液の体積(L)}$$

$$= 溶質の物質量(mol) \div \frac{溶液の体積(mL)}{1000}$$

🌙濃度換算には2つのテントウムシを使え！

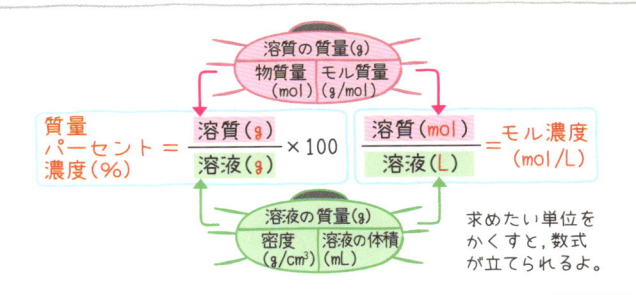

```
        溶質の質量(g)
      物質量   モル質量
      (mol)   (g/mol)

質量              溶質(g)              溶質(mol)
パーセント  =  ─────────  × 100      ─────────  = モル濃度
濃度(%)          溶液(g)              溶液(L)         (mol/L)

        溶液の質量(g)
       密度      溶液の体積
      (g/cm³)     (mL)
```

求めたい単位をかくすと，数式が立てられるよ。

4章

★ 今夜のおさらい

✿ モル濃度を用いると，水溶液の体積を量ることで，その中に溶けている溶質の物質量（mol）を簡単に求めることができます。

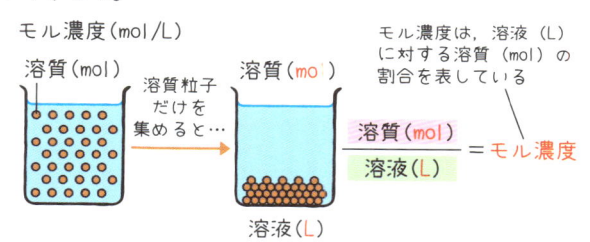

モル濃度(mol/L)
溶質(mol)
溶質粒子だけを集めると…
溶質(mol)
溶液(L)

モル濃度は，溶液(L)に対する溶質(mol)の割合を表している

$$\frac{溶質(mol)}{溶液(L)} = モル濃度$$

☾ 質量パーセント濃度とモル濃度の単位換算は，次のように行います。

[質量パーセント濃度（％）→モル濃度(mol/L)]
 溶質の物質量(mol)＝溶質の質量(g)÷ モル質量 (g/mol)
 溶液の体積(mL)＝溶液の質量(g)÷ 溶液の密度 (g/cm³)

[モル濃度(mol/L)→質量パーセント濃度（％）]
 溶質の質量(g)＝溶質の物質量(mol)× モル質量 (g/mol)
 溶液の質量(g)＝ 溶液の密度 (g/cm³)×溶液の体積(mL)

💤 寝る前にもう一度

✿ 濃度だけど，分子も分母もグラムじゃないよ，モル濃度。
☾ 濃度換算には2つのテントウムシを使え❗

7. 化学反応式の係数

★ 今夜おぼえること

☆ まず係数を 1 として考える目算法。

[エタンC_2H_6を完全に燃焼させ,二酸化炭素CO_2と水H_2Oができる反応を,目算法を用いて化学反応式に表す]

① 左辺に反応物の化学式,右辺に生成物の化学式を書き,登場回数の少ない原子を含む化学式を選び,係数を 1 とする。

$$1\ C_2H_6\ +\ O_2\ \rightarrow\ CO_2\ +\ H_2O$$

② 係数を「1」にした左辺のC_2H_6中の C 原子と H 原子の数と,右辺の C 原子と H 原子の数を同じにする。

$$1\ C_2H_6\ +\ O_2\ \rightarrow\ 2\ CO_2\ +\ 3\ H_2O$$

C の数をそのまま係数に!
H の数の 2 分の 1 を係数に!

③ 右辺の O 原子の数は 7 個なので,左辺のO_2の係数「$\frac{7}{2}$」をつける。

$$1\ C_2H_6\ +\ \frac{7}{2}O_2\ \rightarrow\ 2\ CO_2\ +\ 3\ H_2O$$
$$\phantom{1\ C_2H_6\ +\ \frac{7}{2}O_2\ \rightarrow\ }2\times 2\ +\ 3\times 1 = 7$$

O の数の 2 分の 1 を係数に!

④ 係数「$\frac{7}{2}$」が分数なので,両辺を 2 倍して,分母を払う。

$$2\ C_2H_6\ +\ 7\ O_2\ \rightarrow\ 4\ CO_2\ +\ 6\ H_2O$$

☽ 係数に文字をあてはめる未定係数法。

★ 今夜のおさらい

✿ 化学反応式では、左辺と右辺の原子の 種類と数が等しくなる ように、それぞれの化学式の前に最も 簡単な整数比 で係数をつけます。

☽ アンモニアNH_3と酸素O_2が反応し、一酸化窒素NOと水H_2Oができる反応を、未定係数法を用いて化学反応式に表す。

① 各化学式の前の係数をそれぞれa, b, c, dとおく。
　$aNH_3 + bO_2 \rightarrow cNO + dH_2O$

② 反応の前後で各原子の総数は変化しないので、「N」「H」「O」について、次のように式を立てる。
　・Nについて　$a=c$　　…❶　・Hについて　$3a=2d$　…❷
　・Oについて　$2b=c+d$　…❸

③ 一番多くの式に含まれる文字に「1」を代入して、他の文字の値を求める。
　$a=1$を❶式、❷式に代入すると、$c=1$, $d=\dfrac{3}{2}$

　上の計算結果を❸式に代入すると、$2b = 1 + \dfrac{3}{2} = \dfrac{5}{2}$より
　$b = \dfrac{5}{4}$

④ 最も簡単な整数比として係数を求めると、
　$a:b:c:d = 1:\dfrac{5}{4}:1:\dfrac{3}{2} = 4:5:4:6$

⑤ 　4 NH_3 + 　5 O_2 → 　4 NO + 　6 H_2O

💤 寝る前にもう一度

✿ まず係数を1として考える目算法。
☽ 係数に文字をあてはめる未定係数法。

8. 化学反応式の量的関係

★今夜おぼえること

☆個数比, 物質量比, 気体の体積比。みんなイコール係数比。

化学反応式の係数比は, 化学反応に関わる粒子の個数比, 物質量比, 気体の体積比(標準状態)を表しています。

☽質量比だけは, 係数比と異なる。

係数比

1	:	2	:	1	:	2
CH_4	+	$2O_2$	→	CO_2	+	$2H_2O$
1 mol		2 mol		1 mol		2 mol
×16g/mol		×32g/mol		×44g/mol		×18g/mol
↓		↓		↓		↓
16g		64g		44g		36g
4	:	16	:	11	:	9

質量比

係数比と質量比の違いに注意しよう!

★ 今夜のおさらい

❀ 化学反応式の係数から，反応に関係する物質の量的関係を知ることができます。

化学反応式の係数が表す意味

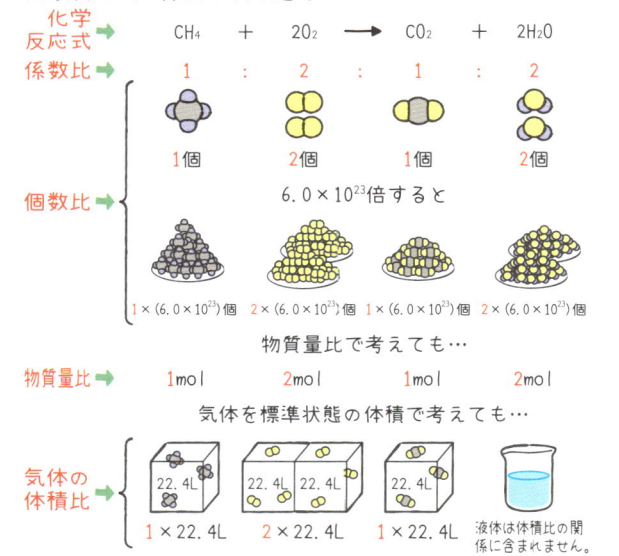

化学反応式 → CH_4 + $2O_2$ ⟶ CO_2 + $2H_2O$

係数比 → 1 : 2 : 1 : 2

個数比 → 1個　　2個　　1個　　2個

6.0×10^{23} 倍すると

$1 \times (6.0 \times 10^{23})$ 個　$2 \times (6.0 \times 10^{23})$ 個　$1 \times (6.0 \times 10^{23})$ 個　$2 \times (6.0 \times 10^{23})$ 個

物質量比で考えても…

物質量比 → 1mol　　2mol　　1mol　　2mol

気体を標準状態の体積で考えても…

気体の体積比 → $1 \times 22.4L$　$2 \times 22.4L$　$1 \times 22.4L$　液体は体積比の関係に含まれません。

※標準状態でなくても，反応の前後の気体が同温，同圧であれば成り立つ。

💤 寝る前にもう一度

❀ 個数比，物質量比，気体の体積比。みんなイコール係数比。

☾ 質量比だけは，係数比と異なる。

1. 酸と塩基①

★ 今夜おぼえること

🌟酸性…塩酸HClや硫酸H_2SO_4などに共通の性質。H^+のはたらきによる。

酸…酸性を示す物質。

🌙塩基性…水酸化ナトリウムNaOHや水酸化カルシウム$Ca(OH)_2$などに共通の性質。OH^-のはたらきによる。

塩基…塩基性を示す物質。

> 「酸」「塩基」は物質の種類を表す言葉で,「酸性」「塩基性」は性質を表す言葉だよ。

5章

★ 今夜のおさらい

✿ 塩酸HClや硫酸H_2SO_4などに共通の性質を 酸性 といい、酸性の物質を 酸 といいます。酸性は、 水素イオンH^+ のはたらきによる性質です。

酸性の特徴
① 酸味がある。
② 鉄などの金属と反応して、水素を発生する。
③ 青色リトマス紙を赤色に変える。
④ 塩基と反応して塩基性を打ち消す。

☾ 水酸化ナトリウムNaOHや水酸化カルシウム$Ca(OH)_2$に共通の性質を 塩基性 といい、塩基性の物質を 塩基 といいます。塩基性は、 水酸化物イオンOH^- のはたらきによる性質です。

塩基性の特徴
① 苦みがある。
② 手につくとぬるぬるする。
③ 赤色リトマス紙を青色に変える。
④ 酸と反応して酸性を打ち消す。

💤 寝る前にもう一度

- ✿ 酸性…塩酸HClや硫酸H_2SO_4などに共通の性質。H^+のはたらきによる。
  酸…酸性を示す物質。
- ☾ 塩基性…水酸化ナトリウムNaOHや水酸化カルシウム$Ca(OH)_2$などに共通の性質。OH^-のはたらきによる。
  塩基…塩基性を示す物質。

2. 酸と塩基 ②

★今夜おぼえること

🌟 アレーニウスの酸・塩基の定義

酸…水に溶けて、水素イオンH^+を生じる物質。

塩基…水に溶けて、水酸化物イオンOH^-を生じる物質。

🌙 ブレンステッド・ローリーの酸・塩基の定義

酸…水素イオンH^+を与える分子やイオン。

塩基…水素イオンH^+を受け取る分子やイオン。

与えるか、受け取るかの違いだね。

★今夜のおさらい

✦ アレーニウスは，酸の水溶液が示す共通の性質は水素イオンH^+によるもので，塩基の水溶液が示す共通の性質は水酸化物イオンOH^-によるものであることをもとに，酸と塩基を定義しました。

☾ ブレンステッド・ローリーの酸・塩基の定義によって，気体や水以外を溶媒とする溶液の中での酸・塩基の反応を幅広く説明することができます。

- 塩化水素HClが水に溶解して電離する場合，水は 塩基 としてはたらいている。

$$HCl + H_2O \rightarrow H_3O^+ + Cl^-$$
（H^+がHClからH_2Oへ）
酸　塩基

- アンモニアNH_3が水に溶解して電離する場合，水は 酸 としてはたらいている。

$$NH_3 + H_2O \rightleftarrows NH_4^+ + OH^-$$
（H^+がH_2OからNH_3へ）
塩基　酸

💤 寝る前にもう一度

✦ アレーニウスの酸・塩基の定義
　酸…水に溶けて，水素イオンH^+を生じる物質。
　塩基…水に溶けて，水酸化物イオンOH^-を生じる物質。

☾ ブレンステッド・ローリーの酸・塩基の定義
　酸…水素イオンH^+を与える分子やイオン。
　塩基…水素イオンH^+を受け取る分子やイオン。

3. 酸と塩基③

★今夜おぼえること

☆酸の価数は, Hの数。

酸の価数…酸の化学式の中で, 電離して水素イオンH^+になれるHの数。

酸		水素イオン		陰イオン
HCl	→	H^+	+	Cl^-
塩酸 1価の強酸				
CH_3COOH	⇄	H^+	+	CH_3COO^-
酢酸 1価の弱酸				

☾塩基の価数は, OHの数。

塩基の価数…塩基の化学式の中で, 電離して水酸化物イオンOH^-になれるOHの数。

塩基		陽イオン		水酸化物イオン
$NaOH$	→	Na^+	+	OH^-
水酸化ナトリウム 1価の強塩基				
$Ca(OH)_2$	→	Ca^{2+}	+	$2\,OH^-$
水酸化カルシウム 2価の強塩基				

★今夜のおさらい

☆ 酸の化学式の中で、電離して 水素イオンH^+ になれる H の数を、酸の価数といいます。酸の価数は、化学式中の H の右下の小さな数でわかります。

酸		水素イオン		陰イオン
H_2SO_4 硫酸 2価の強酸	→	$2H^+$	+	SO_4^{2-}
H_2CO_3 炭酸 2価の弱酸	⇄	$2H^+$	+	CO_3^{2-}
$H_2C_2O_4$ シュウ酸 2価の弱酸	⇄	$2H^+$	+	$C_2O_4^{2-}$

☽ 塩基の化学式の中で、電離して 水酸化物イオンOH^- になれるOHの数 を、塩基の価数といいます。塩基の価数は、化学式中の OH の右下の小さな数でわかります。

塩基		陽イオン		水酸化物イオン
$Ba(OH)_2$ 水酸化バリウム 2価の強塩基	→	Ba^{2+}	+	$2OH^-$
$Fe(OH)_3$ 水酸化鉄(Ⅲ) 3価の弱塩基	⇄	Fe^{3+}	+	$3OH^-$
$NH_3 + H_2O$ アンモニア 1価の弱塩基	⇄	NH_4^+	+	OH^-

💤 寝る前にもう一度
- ☆ 酸の価数は、H の数。
- ☽ 塩基の価数は、OH の数。

4. 酸と塩基④

★ 今夜おぼえること

ゴロ合わせ 京さんは完全に分かれた。
　　　　強酸　　　　　　ほぼ完全に電離している

ジャクソンはちょっとだけ分かれた。
　弱酸　　　　　　　　一部しか電離していない

　強酸・弱酸と同じように、塩基も、ほぼ完全に電離するものを強塩基、一部しか電離しないものを弱塩基というよ。

（イラスト：「京さん…」「達者でな…」／「トキドキ サミシイハ レンラクスル〜」「おい…」）

🌙 電離度 a 　　$(0 < a \leq 1)$

$$= \frac{\text{電離した酸（塩基）の物質量(mol)}}{\text{溶かした酸（塩基）の物質量(mol)}}$$

$$= \frac{\text{電離した酸（塩基）のモル濃度}}{\text{溶かした酸（塩基）のモル濃度}}$$

★ 今夜のおさらい

🌟 塩酸HClと酢酸CH_3COOHは、どちらも1価の酸ですが、塩酸のほうが酢酸よりも強い酸です。これは、塩酸は、水溶液中でHClがほぼ完全に電離しているのに対して、酢酸は、ごく一部しか電離していないため、水溶液中の 水素イオンH^+ の濃度にかなり違いがあるからです。

価数	強酸	弱酸
1	塩酸 HCl　硝酸 HNO_3	酢酸 CH_3COOH
2	硫酸 H_2SO_4	硫化水素 H_2S　二酸化炭素 CO_2 シュウ酸 $H_2C_2O_4$ または $(COOH)_2$
3		リン酸 H_3PO_4

価数	強塩基	弱塩基
1	水酸化ナトリウム NaOH 水酸化カリウム KOH	アンモニア NH_3
2	水酸化カルシウム $Ca(OH)_2$ 水酸化バリウム $Ba(OH)_2$	水酸化銅(Ⅱ) $Cu(OH)_2$ 水酸化鉄(Ⅱ) $Fe(OH)_2$
3		水酸化鉄(Ⅲ) $Fe(OH)_3$

🌙 溶解した酸や塩基の量に対する、電離した酸や塩基の割合を 電離度α で表します。電離度を比べることで、酸や塩基の 強弱 を知ることができます。

💤 寝る前にもう一度

🌟 京さんは完全に分かれた。ジャクソンはちょっとだけ分かれた。

🌙 電離度$\alpha = \dfrac{\text{電離した酸(塩基)の物質量(mol)またはモル濃度}}{\text{溶かした酸(塩基)の物質量(mol)またはモル濃度}}$

5. 水素イオン濃度①

★ 今夜おぼえること

🌟 水溶液中の水素イオンH^+のモル濃度…水素イオン濃度。

水溶液中の水酸化物イオンOH^-のモル濃度…水酸化物イオン濃度。

水素イオン濃度を$[H^+]$, 水酸化物イオン濃度を$[OH^-]$と表すよ。

🌙 25℃の水のモル濃度

$$[H^+]=[OH^-]=1.0\times10^{-7}\,\text{mol/L}$$

水分子が電離して生じる$[H^+]$と$[OH^-]$は必ず等しいので, 中性だよ。

★ 今夜のおさらい

☆ 水溶液中の水素イオンH^+のモル濃度を 水素イオン濃度 といい，$[H^+]$ と表します。

水溶液中の水酸化物イオンOH^-のモル濃度を 水酸化物イオン濃度 といい，$[OH^-]$ で表します。

水素イオン濃度や水酸化物イオン濃度は，酸や塩基の価数，モル濃度，電離度から，計算によって求めることができます。

水素イオン濃度 (mol/L)

$[H^+]$ = 価数 × 酸のモル濃度(mol/L) × 電離度 a

水酸化物イオン濃度 (mol/L)

$[OH^-]$ = 価数 × 塩基のモル濃度(mol/L) × 電離度 a

☽ 水分子が電離して生じる $[H^+]$ と $[OH^-]$ は必ず等しく，25℃ではどちらのモル濃度も 1.0×10^{-7} mol/L であることがわかっています。

このような状態では酸性でも塩基性でもなく，中性を表します。

・・💤 寝る前にもう一度 ・・
- ☆ 水溶液中の水素イオンH^+のモル濃度…水素イオン濃度。
  水溶液中の水酸化物イオンOH^-のモル濃度…水酸化物イオン濃度。
- ☽ 25℃の水のモル濃度
  $[H^+] = [OH^-] = 1.0 \times 10^{-7}$ mol/L

6. 水素イオン濃度②

★今夜おぼえること

😴 [H⁺] と [OH⁻] は、反比例の関係にある。

水に酸を溶かすと、水溶液中の水素イオン濃度 [H⁺] は増加し、水酸化物イオン濃度 [OH⁻] は減少するよ。

水に塩基を溶かすと、水溶液中の水酸化物イオン濃度 [OH⁻] は増加し、水素イオン濃度 [H⁺] は減少するよ。

🌙 pH（水素イオン指数）が、

- 7より小さければ酸性。
- 7ならば中性。
- 7より大きければ塩基性。

pH7は、
[H⁺] = [OH⁻] = 1.0×10^{-7} mol/L
の状態だよ。

★今夜のおさらい

☆水素イオン濃度と水酸化物イオン濃度の関係

〈酸性〉
$[H^+]$ > 1.0×10^{-7} mol/L > $[OH^-]$

〈中性〉
$[H^+]$ = 1.0×10^{-7} mol/L = $[OH^-]$

〈塩基性〉
$[H^+]$ < 1.0×10^{-7} mol/L < $[OH^-]$

🌙 $[H^+]$ や $[OH^-]$ とpHの関係は,右の表のようになります。この表から,$[H^+]$ か $[OH^-]$ のいずれかがわかれば,もう一方のモル濃度を求めることができます。

pH	0	1	2	3	4	5	6	7	8	9	10	11	12	13	14
$[H^+]$ (mol/L)	1	10^{-1}	10^{-2}	10^{-3}	10^{-4}	10^{-5}	10^{-6}	10^{-7}	10^{-8}	10^{-9}	10^{-10}	10^{-11}	10^{-12}	10^{-13}	10^{-14}
$[OH^-]$ (mol/L)	10^{-14}	10^{-13}	10^{-12}	10^{-11}	10^{-10}	10^{-9}	10^{-8}	10^{-7}	10^{-6}	10^{-5}	10^{-4}	10^{-3}	10^{-2}	10^{-1}	1
$[H^+][OH^-]$ (mol/L)^2	10^{-14}	10^{-14}	10^{-14}	10^{-14}	10^{-14}	10^{-14}	10^{-14}	10^{-14}	10^{-14}	10^{-14}	10^{-14}	10^{-14}	10^{-14}	10^{-14}	10^{-14}
水溶液の性質	強 ← 酸性			弱				中性	弱				塩基性 → 強		

💤 寝る前にもう一度

- ☆ $[H^+]$ と $[OH^-]$ は,反比例の関係にある。
- 🌙 pH(水素イオン指数)が,
  - 7より小さければ酸性。
  - 7ならば中性。
  - 7より大きければ塩基性。

7. pH指示薬

★ 今夜おぼえること

😺 水溶液のpHを調べるには…

- **pHメーター**
- **万能pH試験紙**

> pHメーターや万能pH試験紙は、どんな値のpHでも調べることができるけど、pHが変化していくようすを調べるには適していないよ。

🌙 水溶液のpHが変化するようすを調べる指示薬

- **メチルオレンジ**（MO）
- **フェノールフタレイン**（PP）
- **BTB**（ブロモチモールブルー）

> メチルオレンジ、フェノールフタレイン、BTBは、水溶液のpHが変化するにつれて色が変化するので、水溶液のpHが変化していくようすを調べることができるよ。

★ 今夜のおさらい

🌙 **pHメーター** は，pHの値が**数値で表示される**測定器具です。

万能pH試験紙 は，水溶液をつけるとpHに応じて**色が変化する**試験紙です。

🌑 メチルオレンジ，フェノールフタレイン，BTBなどのpH指示薬は，pHによって**色**が変化しますが，色が変化する**pH**の範囲がそれぞれ異なります。その範囲を**変色域**といいます。

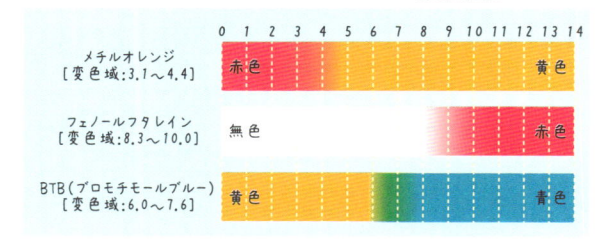

	0 1 2 3 4 5 6 7 8 9 10 11 12 13 14
メチルオレンジ [変色域:3.1〜4.4]	赤色 ……………………………………… 黄色
フェノールフタレイン [変色域:8.3〜10.0]	無色 ……………………………………… 赤色
BTB (ブロモチモールブルー) [変色域:6.0〜7.6]	黄色 ……………………………………… 青色

💤 寝る前にもう一度

- 🌟 **水溶液のpHを調べるには…**
  - pHメーター
  - 万能pH試験紙
- 🌙 **水溶液のpHが変化するようすを調べる指示薬**
  - メチルオレンジ（MO）
  - フェノールフタレイン（PP）
  - BTB（ブロモチモールブルー）

8. 中和反応

★ 今夜おぼえること

★ ゴロ合わせ 酸と塩基がチューして打ち消し合う。

中和 / 互いの性質を打ち消し合う

酸の水溶液と塩基の水溶液を混合すると，酸と塩基が互いの性質を打ち消し合う。これを中和反応（中和）というよ。

☾ 中和反応では，水と塩ができる。

水…水素イオンと水酸化物イオンが結びついてできる。
塩…酸の陰イオンと塩基の陽イオンが結びついてできる物質の総称。

★ 今夜のおさらい

🌟 酸の水溶液に塩基の水溶液を加えていくと、しだいに酸の性質が弱くなります。これは、酸と塩基が互いの 性質 を打ち消し合うからです。塩基の水溶液に酸の水溶液を加えても同様のことが起こります。このような反応を 中和反応 （ 中和 ）といいます。

🌙 中和反応では、水素イオンと水酸化物イオンが結びついて 水 が生成します。また、酸の陰イオンと塩基の陽イオンが結びついた物質も生成します。この物質を 塩 とよびます。

〈塩酸と水酸化ナトリウムの中和反応〉

HCl	+	NaOH	→	NaCl	+	H_2O
塩酸		水酸化ナトリウム		塩化ナトリウム		水
酸	+	塩基	→	塩	+	水

中和反応で生成する「塩」は、「しお」ではなく、「えん」と読むよ。

💤 寝る前にもう一度

🌟 酸と塩基がチューして打ち消し合う。
🌙 中和反応では、水と塩ができる。

9. 塩

★ 今夜おぼえること

✪ 化学式の中に…

- 「酸のH」も「塩基のOH」もまったく残っていない → **正塩**。
- 「酸のH」が残っている → **酸性塩**。
- 「塩基のOH」が残っている → **塩基性塩**。

☾ 正塩の水溶液でも，もとになった酸や塩基の強さしだいで，酸性にも塩基性にも。

正塩でも，強酸と弱塩基の中和反応ならその水溶液は酸性になり，弱酸と強塩基の中和反応なら水溶液は塩基性になるよ。

> 正塩の水溶液にも，酸性と塩基性があるよ。

★今夜のおさらい

🌙 塩は、その化学式によって、正塩、酸性塩、塩基性塩に分類することができます。

分類	化学式	例
正塩	酸のHも塩基のOHも残っていない。	塩化ナトリウム $NaCl$ 硫酸ナトリウム Na_2SO_4 炭酸ナトリウム Na_2CO_3 酢酸ナトリウム CH_3COONa 塩化アンモニウム NH_4Cl
酸性塩	酸のHが残っている。	硫酸水素ナトリウム $NaHSO_4$ 炭酸水素ナトリウム $NaHCO_3$
塩基性塩	塩基のOHが残っている。	塩化水酸化マグネシウム $MgCl(OH)$

🌙 塩の種類と水溶液の性質

正塩 → 塩をつくるもとになった酸・塩基の 強いほう の性質が反映。

酸性塩 → $NaHSO_4$ は 酸性 、 $NaHCO_3$ は 塩基性 。

塩基性塩 → $MgCl(OH)$ は 酸性 。

💤 寝る前にもう一度

🌟 化学式の中に…
- 「酸のH」も「塩基のOH」もまったく残っていない → 正塩。
- 「酸のH」が残っている → 酸性塩。
- 「塩基のOH」が残っている → 塩基性塩。

🌙 正塩の水溶液でも、もとになった酸や塩基の強さしだいで、酸性にも塩基性にも。

10. 中和反応の量的関係①

★今夜おぼえること

😺酸と塩基が過不足なく中和するときのH^+とOH^-の物質量

H^+の物質量 (mol)
　　　　　　$= OH^-$の物質量 (mol)

🌙注意! 酸と塩基の物質量が同じでも，H^+とOH^-の物質量は価数によって違う!

硫酸
(2価の酸)

水酸化ナトリウム
(1価の塩基)

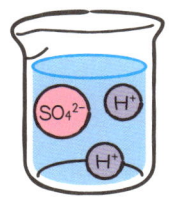

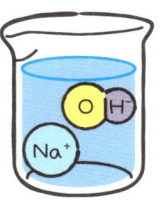

> 硫酸と水酸化ナトリウムは，物質量が同じでも，価数が違うから，H^+とOH^-の物質量が違うよ。

★ 今夜のおさらい

🌝 酸から生じる水素イオンH^+ 1個（1 mol）と、塩基から生じる水酸化物イオンOH^- 1個（1 mol）が反応すると、水分子1個（1 mol）が生成します。

このことから、H^+の物質量とOH^-の物質量が等しいとき、酸と塩基が過不足なく中和することがわかります。

🌙 酸と塩基の物質量が同じでも、生じるH^+やOH^-の物質量は価数によって異なります。

したがって、酸と塩基を混合して過不足なく中和するときには、次の関係が成り立ちます。

価数×酸の物質量(mol)
　　　　　　＝価数×塩基の物質量(mol)

💤 寝る前にもう一度
- 🌝 酸と塩基が過不足なく中和するときのH^+とOH^-の物質量
  H^+の物質量(mol) = OH^-の物質量(mol)
- 🌙 注意！　酸と塩基の物質量が同じでも、H^+とOH^-の物質量は価数によって違う！

11. 中和反応の量的関係②

★今夜おぼえること

😊酸と塩基が過不足なく中和するとき、それぞれの物質量から、モル濃度などを求めることができる。

過不足なく中和する酸と塩基の水溶液のそれぞれの価数、モル濃度、体積を次のように表すとき、下のような関係が成り立つよ。

H^+	OH^-
価数：a	価数：b
濃度：c [mol/L]	濃度：c' [mol/L]
体積：v [mL]	体積：v' [mL]

$$a \times c \times \frac{v}{1000} = b \times c' \times \frac{v'}{1000}$$

「H^+の物質量＝OH^-の物質量」
は中和の公式だよ。

★ 今夜のおさらい

🌟 0.10mol/Lの硫酸H_2SO_4 20mLを完全に中和するのに、濃度がわからない水酸化ナトリウムNaOH水溶液が10mL必要であったときの、水酸化ナトリウム水溶液のモル濃度の求め方。

① 水素イオンH^+の物質量(mol)を求める。

H^+の物質量＝ 2 〔価〕×0.10〔mol/L〕×$\frac{20}{1000}$〔L〕

② 水酸化物イオンOH^-の物質量(mol)を求める。

OH^-の物質量＝ 1 〔価〕×x〔mol/L〕×$\frac{10}{1000}$〔L〕

③ 酸の水溶液と塩基の水溶液が過不足なく中和するとき、

H^+の物質量(mol)＝OH^-の物質量(mol)

が成り立つことから、

$2×0.10×\frac{20}{1000}＝1×x×\frac{10}{1000}$

$x＝0.40$

答え　0.40mol/L

💤 寝る前にもう一度

🌟 酸と塩基が過不足なく中和するとき、それぞれの物質量から、モル濃度などを求めることができる。

12. 中和滴定 ①

★ 今夜おぼえること

😺 中和滴定…濃度のわかっている酸（塩基）を用いて、濃度のわからない塩基（酸）の濃度を求める方法。

🌙 中和滴定は、指示薬の色の変化で中和点を判断。

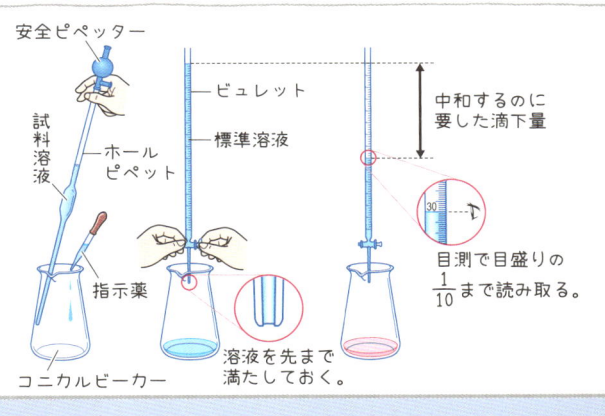

図：安全ピペッター、ホールピペット、試料溶液、コニカルビーカー、指示薬、ビュレット、標準溶液、溶液を先まで満たしておく。中和するのに要した滴下量、目測で目盛りの $\frac{1}{10}$ まで読み取る。

★ 今夜のおさらい

🌟 濃度のわからない酸（塩基）の水溶液に，濃度のわかっている塩基（酸）の水溶液を加えていき，過不足なく中和したときの加えた水溶液の量から濃度を決定する方法を，中和滴定といいます。

中和滴定には，正確に量的関係を求めるための実験器具を使います。

🌙 中和滴定の手順

① 濃度のわからない溶液をホールピペットで一定量はかり取り，コニカルビーカーに入れる。その後，溶液に指示薬を1，2滴加える。

② 濃度のわかっている溶液をビュレットからコニカルビーカーに滴下する。このとき，コニカルビーカーをこまめに振り混ぜる。中和点は指示薬の色の変化で判断する。滴下前後のビュレットの目盛りの値の差から中和するのに要した滴下量を求める。

③ ①②の操作を何度か繰り返して行い，滴下量の平均値を求め，濃度を求める。

> 💤 **寝る前にもう一度**
> 🌟 中和滴定…濃度のわかっている酸（塩基）を用いて，濃度のわからない塩基（酸）の濃度を求める方法。
> 🌙 中和滴定は，指示薬の色の変化で中和点を判断。

13. 中和滴定 ②

★ 今夜おぼえること

☆ 中和滴定は,

酸の **価数** ×モル濃度×体積

= 塩基の **価数** ×モル濃度×体積

の式に値を代入する。

☽ 中和反応の量的関係には,

酸・塩基の **強弱** は無関係。

NaOHを少し加える。　NaOHをさらに加える。

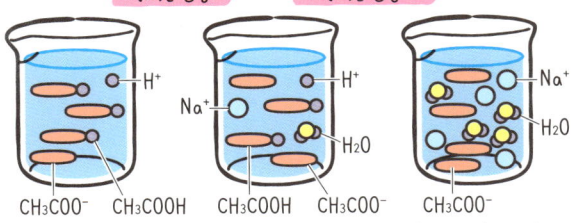

CH_3COO^-　CH_3COOH
CH_3COOHは弱酸だから, 一部だけ電離している。

CH_3COOH　CH_3COO^-
中和された分だけ, CH_3COOHが電離する。

CH_3COO^-
中和が完了する。

★ 今夜のおさらい

✦ 中和滴定による濃度の求め方

[10倍に希釈した酢酸CH_3COOH水溶液10.0mLを、$1.00×10^{-1}$mol/L 水酸化ナトリウム$NaOH$水溶液で中和滴定すると7.00mL必要であったときの、希釈前の水溶液のモル濃度を求める]

① 水素イオンH^+の物質量(mol)を求める。

H^+の物質量 = [1] (価) $× x$ (mol/L) $× \dfrac{10.0}{1000}$ (L)

② 水酸化物イオンOH^-の物質量(mol)を求める。

OH^-の物質量 = [1] (価) $× (1.00×10^{-1})$ (mol/L) $× \dfrac{7.00}{1000}$ (L)

③ 「H^+の物質量(mol) = OH^-の物質量(mol)」より、水溶液のモル濃度(mol/L)を求める。

$1 × x × \dfrac{10.0}{1000} = 1 × (1.00×10^{-1}) × \dfrac{7.00}{1000}$

$x = 0.0700\ (7.00×10^{-2})$

よって希釈前は

$0.0700\ (7.00×10^{-2}) × 10 = 0.700\ (7.00×10^{-1})$

答え $0.700\ (7.00×10^{-1})$ mol/L

💤 寝る前にもう一度

✦ 中和滴定は、
酸の価数 × モル濃度 × 体積 = 塩基の価数 × モル濃度 × 体積 の式に値を代入する。

☾ 中和反応の量的関係には、酸・塩基の強弱は無関係。

14. 中和滴定③

★ 今夜おぼえること

☆滴定曲線 (中和滴定曲線) は，中和点でグラフが垂直。

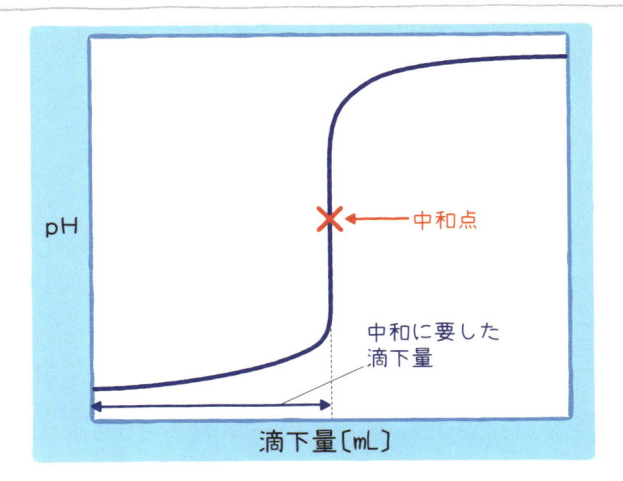

（図：縦軸 pH，横軸 滴下量〔mL〕の滴定曲線。中和点に×印、中和に要した滴下量を示す）

☾混合する酸・塩基の強弱の組み合わせによって，滴定曲線の形が異なる。

★ 今夜のおさらい

🌙 中和滴定において，加えた酸や塩基の水溶液の体積と混合水溶液のpHとの関係を示したグラフを 滴定曲線 （中和滴定曲線）といいます。

🌙 混合する酸・塩基の強弱の組み合わせによる滴定曲線の形

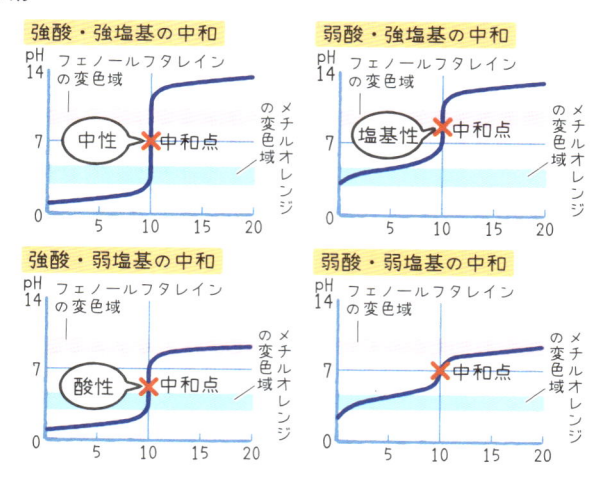

強酸・強塩基の中和
- フェノールフタレインの変色域
- メチルオレンジの変色域
- 中性
- ×中和点

弱酸・強塩基の中和
- フェノールフタレインの変色域
- メチルオレンジの変色域
- 塩基性
- ×中和点

強酸・弱塩基の中和
- フェノールフタレインの変色域
- メチルオレンジの変色域
- 酸性
- ×中和点

弱酸・弱塩基の中和
- フェノールフタレインの変色域
- メチルオレンジの変色域
- ×中和点

💤 寝る前にもう一度
- ★ 滴定曲線（中和滴定曲線）は，中和点でグラフが垂直。
- 🌙 混合する酸・塩基の強弱の組み合わせによって，滴定曲線の形が異なる。

1. 酸化と還元 ①

★ 今夜おぼえること

🌟 酸素を受け取る，水素を失う。両方**酸化**。

酸素を失う，水素を受け取る。両方**還元**。

酸素の授受と酸化還元

還元された
(酸化銅 CuO は酸素 O を失った)

$$CuO + H_2 \rightarrow Cu + H_2O$$

酸化された (水素 H_2 は酸素 O を受け取った)

水素の授受と酸化還元

還元された
(酸素 O_2 は水素 H を受け取った)

$$2H_2S + O_2 \rightarrow 2S + 2H_2O$$

酸化された (硫化水素 H_2S は水素 H を失った)

🌙 酸化と還元は，**必ず同時**。

酸化と還元は，ひとつの化学反応の中で必ず同時に起こります。

★今夜のおさらい

✿ 物質が**酸素を** 受け取る **化学変化**（物質と酸素の化合）を**酸化**といい、物質が**酸素を** 失う **化学変化を還元**といいます。

酸化と還元は、物質が**水素を** 失う **化学変化**（酸化）と、物質が**水素を** 受け取る **化学変化**（還元）ということもできます。

〈酸素の授受による酸化還元の例〉
酸化銅と水素の反応
→ 酸化銅は酸素を失って銅になり（ 還元 ）、水素は酸素を受け取って水になる（ 酸化 ）。

〈水素の授受による酸化還元の例〉
硫化水素と酸素の反応
→ 硫化水素は水素を失って硫黄になり（ 酸化 ）、酸素は水素を受け取って水になる（ 還元 ）。

☽ **酸化と還元が必ず同時に起こることを** 酸化還元の同時性 **といいます。また、酸化と還元をまとめて** 酸化還元反応 **といいます。**

💤 寝る前にもう一度

✿ 酸素を受け取る、水素を失う。両方酸化。
　酸素を失う、水素を受け取る。両方還元。
☽ 酸化と還元は、必ず同時。

2. 酸化と還元②

★ 今夜おぼえること

☆ 電子を失う・受け取る反応も、酸化還元。

酸素や水素が直接関係していない反応でも、電子を失う反応を酸化, 電子を受け取る反応を還元というよ。

〈電子の授受と酸化還元〉$2Cu + O_2 \rightarrow 2CuO$ の場合

$2Cu \rightarrow 2Cu^{2+} + 4e^-$
　　　銅原子Cuは電子e^-を失った。(酸化)
$O_2 + 4e^- \rightarrow 2O^{2-}$
　　　酸素原子Oは電子e^-を受け取った。(還元)

☽ 原子やイオンの酸化の度合いを表す酸化数。

酸化数は, 物質間の電子のやり取りから酸化と還元を判断する基準となり, 化合物中で電子をn個失った(酸化された)状態を「$+n$」, 電子をn個受け取った(還元された)状態を「$-n$」と表すよ。

★ 今夜のおさらい

☽ 酸化と還元の反応では、電子を 放出 する原子があれば、必ず電子を 受け取る 原子があります。

☾ 酸化数の決め方

決め方	例
単体中の原子の酸化数は 0 とする。	H_2…酸化数 0　O_2…酸化数 0 Na…酸化数 0　Cu…酸化数 0
化合物中の水素原子の酸化数は +1 、酸素原子の酸化数は −2 とする。 ※ H_2O_2 中では、例外で酸素原子の酸化数は −1 とする。	H_2O …H の酸化数は「+1」 　 O の酸化数は「−2」
化合物の酸化数の総和は 0 とする。	NH_3 …H の酸化数が +1 なので、H 原子3個で +3。よって N の酸化数は −3 で、総和が 0 になる。
単原子イオンの酸化数は、その イオンの符号と価数 と同じ。	Na^+…酸化数 +1 Cu^{2+}…酸化数 +2 Cl^-…酸化数 −1
多原子イオンの酸化数の総和は、その イオンの符号と価数 と同じ。	CO_3^{2-} …O の酸化数が −2 なので、O 原子3個で −6。酸化数の総和が −2 になるので、C の酸化数は +4
化合物中のアルカリ金属の酸化数は +1 、アルカリ土類金属の酸化数は +2 である。	KCl 中の K…酸化数 +1 CaO 中の Ca…酸化数 +2

💤 寝る前にもう一度

☽ 電子を失う・受け取る反応も、酸化還元。
☾ 原子やイオンの酸化の度合いを表す酸化数。

3. 酸化剤と還元剤①

★ 今夜おぼえること

☆ 酸化数，酸化で増加，還元で減少。

物質が酸化されると，その物質中の原子の酸化数が増加するよ。
物質が還元されると，その物質中の原子の酸化数が減少するんだ。

☽ 相手を酸化する酸化剤は還元され，相手を還元する還元剤は酸化される。

酸化された
→酸化数が増加した

酸化剤
$$\underset{+2\ -2}{Cu\ O} + \underset{0}{H_2} \longrightarrow \underset{0}{Cu} + \underset{+1\ -2}{H_2\ O}$$
還元剤

還元された
→酸化数が減少した

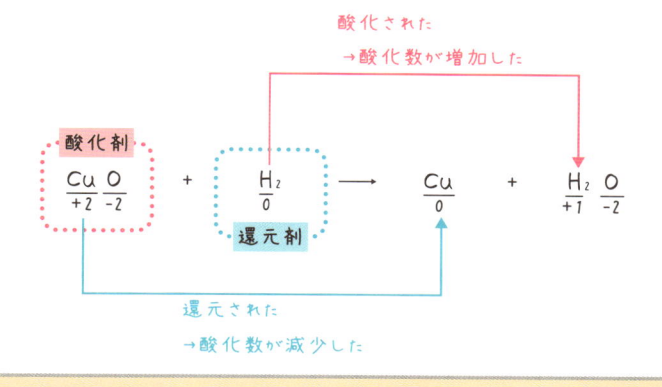

★ 今夜のおさらい

🌟 酸化数が増加した物質 → 酸化 された。
酸化数が減少した物質 → 還元 された。

🌙 代表的な酸化剤と還元剤

	酸化剤	どちらにもなる	還元剤
単体	非金属単体 (Cl_2, O_2 など)		水素 H_2 炭素 C 金属単体(Na, Zn, Fe など)
単原子イオン	金属イオン (Ag^+, Cu^{2+} など)		金属イオン (Sn^{2+}, Fe^{2+}) 非金属イオン (I^-, Br^- など)
化合物	過マンガン酸カリウム $KMnO_4$ ニクロム酸カリウム $K_2Cr_2O_7$ 濃硝酸 HNO_3 希硝酸 HNO_3 熱濃硫酸 H_2SO_4	過酸化水素 H_2O_2 二酸化硫黄 SO_2	シュウ酸 $H_2C_2O_4$ 硫化水素 H_2S

💤 寝る前にもう一度

🌟 酸化数，酸化で増加，還元で減少。
🌙 相手を酸化する酸化剤は還元され，相手を還元する還元剤は酸化される。

4. 酸化剤と還元剤②

★ 今夜おぼえること

❂ 半反応式…還元剤や酸化剤のはたらきを式で表したもの。

〈半反応式の作り方〉酸化剤の場合

① 左辺に反応前の物質，右辺に反応後の物質を書く。	$MnO_4^- \rightarrow Mn^{2+}$
② 両辺の酸素原子の数を，H_2O を用いてそろえる。	$MnO_4^- \rightarrow Mn^{2+} + 4H_2O$ 左辺の酸素原子の数は4なので，右辺に水分子 H_2O を4個加える。
③ 両辺の水素原子の数を，H^+ を用いてそろえる。	$MnO_4^- + 8H^+ \rightarrow Mn^{2+} + 4H_2O$ 右辺の水素原子の数は8なので，左辺に水素イオン H^+ を8個加える。
④ 両辺の電荷の総和を，電子 e^- を用いてそろえる。	$MnO_4^- + 8H^+ + 5e^- \rightarrow Mn^{2+} + 4H_2O$ 左辺の電荷は $(-1)+8×(+1)=+7$，右辺の電荷は $(+2)+4×0=+2$ なので，左辺に電子 e^- を5個加える。

6章

★ 今夜のおさらい

✦ おもな酸化剤，還元剤と，その半反応式

	酸化剤	酸化剤の半反応式
単体	オゾン 塩素	$O_3 + 2H^+ + 2e^- \rightarrow O_2 + H_2O$ $Cl_2 + 2e^- \rightarrow 2Cl^-$
単原子 イオン	銀イオン 銅(Ⅱ)イオン	$Ag^+ + e^- \rightarrow Ag$ $Cu^{2+} + 2e^- \rightarrow Cu$
化合物	過マンガン酸カリウム 　　　（硫酸酸性下） ニクロム酸カリウム 　　　（硫酸酸性下） 濃硝酸 希硝酸 熱濃硫酸	$MnO_4^- + 8H^+ + 5e^-$ $\quad \rightarrow Mn^{2+} + 4H_2O$ $Cr_2O_7^{2-} + 14H^+ + 6e^-$ $\quad \rightarrow 2Cr^{3+} + 7H_2O$ $HNO_3 + H^+ + e^- \rightarrow NO_2 + H_2O$ $HNO_3 + 3H^+ + 3e^- \rightarrow NO + 2H_2O$ $H_2SO_4 + 2H^+ + 2e^- \rightarrow SO_2 + 2H_2O$

	還元剤	還元剤の半反応式
単体	水素 ナトリウム マグネシウム 亜鉛	$H_2 \rightarrow 2H^+ + 2e^-$ $Na \rightarrow Na^+ + e^-$ $Mg \rightarrow Mg^{2+} + 2e^-$ $Zn \rightarrow Zn^{2+} + 2e^-$
単原子 イオン	鉄(Ⅱ)イオン 臭化物イオン ヨウ化物イオン	$Fe^{2+} \rightarrow Fe^{3+} + e^-$ $2Br^- \rightarrow Br_2 + 2e^-$ $2I^- \rightarrow I_2 + 2e^-$
化合物	硫化水素 シュウ酸	$H_2S \rightarrow S + 2H^+ + 2e^-$ $H_2C_2O_4 \rightarrow 2CO_2 + 2H^+ + 2e^-$

💤 寝る前にもう一度

✦ 半反応式…還元剤や酸化剤のはたらきを式で表したもの。

5. 酸化剤と還元剤③

★ 今夜おぼえること

☆ 過酸化水素 H_2O_2 は,酸化剤としてはたらくことが多いが,還元剤としてはたらくこともある。

〈過酸化水素 H_2O_2 の半反応式〉

還元剤としてはたらく場合　$H_2O_2 \rightarrow O_2 + 2H^+ + 2e^-$

酸化剤としてはたらく場合　$H_2O_2 + 2H^+ + 2e^- \rightarrow 2H_2O$

☾ 二酸化硫黄 SO_2 は,還元剤としてはたらくことが多いが,酸化剤としてはたらくこともある。

〈二酸化硫黄 SO_2 の半反応式〉

還元剤としてはたらく場合　$SO_2 + 2H_2O \rightarrow SO_4^{2-} + 4H^+ + 2e^-$

酸化剤としてはたらく場合　$SO_2 + 4H^+ + 4e^- \rightarrow S + 2H_2O$

★今夜のおさらい

☆ 過酸化水素H_2O_2は、酸化剤としてはたらくことが多いですが、特に強い酸化力をもつ 過マンガン酸カリウム$KMnO_4$ や、ニクロム酸カリウム$K_2Cr_2O_7$ に対しては、還元剤としてはたらきます。

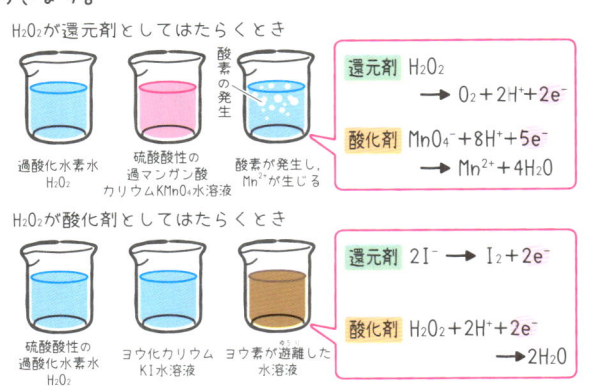

H_2O_2が還元剤としてはたらくとき

過酸化水素水 H_2O_2 / 硫酸酸性の過マンガン酸カリウム$KMnO_4$水溶液 / 酸素が発生し、Mn^{2+}が生じる

還元剤 $H_2O_2 \rightarrow O_2 + 2H^+ + 2e^-$

酸化剤 $MnO_4^- + 8H^+ + 5e^- \rightarrow Mn^{2+} + 4H_2O$

H_2O_2が酸化剤としてはたらくとき

硫酸酸性の過酸化水素水 H_2O_2 / ヨウ化カリウムKI水溶液 / ヨウ素が遊離した水溶液

還元剤 $2I^- \rightarrow I_2 + 2e^-$

酸化剤 $H_2O_2 + 2H^+ + 2e^- \rightarrow 2H_2O$

☽ 二酸化硫黄SO_2は、還元剤としてはたらくことが多いですが、 硫化水素H_2S に対しては酸化剤としてはたらきます。

💤 寝る前にもう一度

- ☆ 過酸化水素H_2O_2は、酸化剤としてはたらくことが多いが、還元剤としてはたらくこともある。
- ☽ 二酸化硫黄SO_2は、還元剤としてはたらくことが多いが、酸化剤としてはたらくこともある。

6. イオン反応式

★今夜おぼえること

☆イオン反応式…化学反応を,関係するイオンで表した式。

〈半反応式からイオン反応式を書く手順〉

① 酸化剤と還元剤の半反応式を書く。

② 酸化剤と還元剤の半反応式の中の電子「e^-」の数が同じになるように,それぞれの式を整数倍する。

③ ②でできたそれぞれの半反応式の左辺どうし,右辺どうしを足し合わせ,両辺から電子e^-を消去する。

> ②で,電子の数を同じにするのは,酸化還元反応では,電子は還元剤から酸化剤に過不足なく受け渡されるからだよ。

★ 今夜のおさらい

✿ 硫酸H_2SO_4酸性条件下の過マンガン酸カリウム$KMnO_4$水溶液と、ヨウ化カリウムKI水溶液を混合したときの酸化還元反応のイオン反応式を、半反応式から書く。

① **酸化剤と還元剤の半反応式を書く。**

酸化剤 $MnO_4^- + 8H^+ + 5e^- \rightarrow Mn^{2+} + 4H_2O$

還元剤 $2I^- \rightarrow I_2 + 2e^-$

② **酸化剤と還元剤の半反応式の中の電子「e^-」の数が同じになるように、それぞれの式を整数倍する。**

酸化剤 $[2]MnO_4^- + [16]H^+ + [10]e^- \rightarrow [2]Mn^{2+} + [8]H_2O$

還元剤 $[10]I^- \rightarrow [5]I_2 + [10]e^-$

③ **②でできたそれぞれの半反応式の左辺どうし、右辺どうしを足し合わせ、両辺から電子e^-を消去する。**

$2MnO_4^- + 16H^+ + [10e^-] + 10I^-$
$\rightarrow 2Mn^{2+} + 8H_2O + 5I_2 + [10e^-]$

⇩

$2MnO_4^- + 16H^+ + 10I^- \rightarrow 2Mn^{2+} + 8H_2O + 5I_2$

💤 寝る前にもう一度

✿ イオン反応式…化学反応を、関係するイオンで表した式。

7. 酸化還元滴定

★ 今夜おぼえること

☆酸化還元滴定…濃度のわかっている酸化剤（還元剤）を使って、濃度のわからない還元剤（酸化剤）の濃度を、実験から求める操作。

☾酸化還元滴定の量的関係を表す3つの式

酸化剤が受け取る電子の物質量
　　　＝還元剤が放出する電子の物質量

酸化剤の価数×酸化剤の物質量
　　　＝還元剤の価数×還元剤の物質量

酸化剤の価数×酸化剤のモル濃度×体積
　　　＝還元剤の価数×還元剤のモル濃度×体積

★ 今夜のおさらい

★ 還元剤が 失った電子 e^- の物質量 (mol) と，酸化剤が 受け取った電子 e^- の物質量 (mol) が等しいとき，酸化剤と還元剤は 過不足なく 反応することを利用し，酸化剤や還元剤のモル濃度や，反応に必要な酸化剤や還元剤の体積を求めることができます。

$$H_2O_2 \longrightarrow O_2 + 2H^+ + 2e^-$$

還元剤 1 mol が失う電子は 2 mol

$$MnO_4^- + 8H^+ + 5e^- \longrightarrow Mn^{2+} + 4H_2O$$

酸化剤 1 mol が受け取る電子は 5 mol

還元剤 が失った電子の物質量 (mol)
$=$
$2 \times c \, (\text{mol/L}) \times \dfrac{V}{1000} \, (\text{L})$

等しい
$=$

酸化剤 が受け取った電子の物質量 (mol)
$=$
$5 \times c' \, (\text{mol/L}) \times \dfrac{V'}{1000} \, (\text{L})$

💤 寝る前にもう一度

● 酸化還元滴定…濃度のわかっている酸化剤（還元剤）を使って，濃度のわからない還元剤（酸化剤）の濃度を，実験から求める操作。

● 酸化還元滴定の量的関係を表す3つの式
　　酸化剤が受け取る電子の物質量
　　　　＝還元剤が放出する電子の物質量
　　酸化剤の価数×酸化剤の物質量
　　　　＝還元剤の価数×還元剤の物質量
　　酸化剤の価数×酸化剤のモル濃度×体積
　　　　＝還元剤の価数×還元剤のモル濃度×体積

8. イオン化傾向 ①

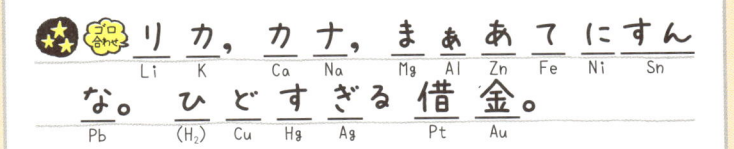

★ 今夜おぼえること

☆☆ ゴロ合わせ

リカ, カナ, まぁ あ て に すん
Li K   Ca Na Mg Al Zn Fe Ni Sn

な。 ひ ど すぎる 借 金。
Pb (H₂) Cu Hg Ag Pt Au

酸化されやすい(陽イオンになりやすい)　　酸化されにくい(陽イオンになりにくい)

← 大　　　　　　イオン化傾向　　　　　　小 →

Li K Ca Na Mg Al Zn Fe Ni Sn Pb (H₂) Cu Hg Ag Pt Au

🌙 金属の単体と水との反応は，イオン化傾向によって異なる。

NiよりイオンA傾向が小さい金属の単体は，水とはほとんど反応しないよ。

★ 今夜のおさらい

☾ 金属の単体は，水または水溶液中で陽イオンになろうとする性質があります。これを金属の イオン化傾向 といいます。

イオン化傾向が大きい（水溶液中で陽イオンになりやすい）金属から順に並べたものを イオン化列 といいます。

☾ 金属の単体と水との反応は， イオン化傾向 によって違います。

イオン化傾向	金属の種類	反応
大 ↑	Li, K, Ca, Na	常温の水でも激しく反応して，水素 H_2 を発生する。
	Mg	沸騰した水と徐々に反応して，水素 H_2 を発生する。
	Al, Zn, Fe	高温の水蒸気と反応して水素 H_2 を発生する。
↓ 小	Ni よりイオン化傾向が小さい金属	ほとんど反応しない。

💤 寝る前にもう一度
- ☾ リカ，カナ，まぁあてにすんな。ひどすぎる借金。
- ☾ 金属の単体と水との反応は，イオン化傾向によって異なる。

9. イオン化傾向②

★ 今夜おぼえること

☆ 【ゴロ合わせ】リ カ, カ ナはすぐに参加。
Li K　Ca Na　　　すぐに酸化

はげたアゲ ハの英雄は, 熱くしても参加せず。
Hg　Ag　Pt　Au

空気中で加熱しても酸化されない。

☾ 【ゴロ合わせ】PT Aも王様にはかなわない。
Pt Au　　王水

★ 今夜のおさらい

☪ 金属の単体と乾いた空気（酸素O_2）との反応

イオン化傾向	金属の種類	反応
大 ↕ 小	Li, K, Ca, Na	空気に触れるとすぐに酸化される。
	Mg 〜 Cu	表面から徐々に酸化される。
	Hg, Ag, Pt, Au	空気中で加熱しても酸化されない。

☽ 金属の単体と酸との反応

イオン化傾向	金属の種類	反応		王水
		塩酸・希硫酸	濃硝酸・希硝酸・熱濃硫酸	
大 ↕ 小	Li 〜 Pb	H_2を発生	濃硝酸　NO_2を発生 希硝酸　NOを発生 熱濃硫酸　SO_2を発生	溶ける
	Cu, Hg, Ag	反応しない		
	Pt, Au	反応しない		

※ Pbは塩酸や希硫酸と反応して、表面に塩化鉛（Ⅱ）$PbCl_2$や硫酸鉛（Ⅱ）$PbSO_4$の塩を生じ、反応が停止する。

※ Al, Fe, Niは、濃硝酸に浸すと表面に緻密な酸化物の被膜ができて内部を保護するため、反応が停止する。

💤 寝る前にもう一度

- ☪ リカ，カナはすぐに参加。はげたアゲハの英雄は，熱くしても参加せず。
- ☽ PTAも王様にはかなわない。

10. イオン化傾向 ③

★ 今夜おぼえること

✪ イオン化傾向の小さい金属が析出される金属樹。

銀の金属樹→

©アフロ

☽ イオン化列のまとめ

条件＼金属	Li	K	Ca	Na	Mg	Al	Zn	Fe	Ni	Sn	Pb	(H₂)	Cu	Hg	Ag	Pt	Au
乾燥した空気との反応	常温ですぐに酸化される				常温で表面に酸化被膜ができる										酸化されない		
					加熱により酸化される												
水との反応	常温で水と反応し, H₂発生								反応しない								
				沸騰水と反応して, H₂発生													
					高温の水蒸気と反応して, H₂発生												
酸との反応	塩酸・希硫酸に溶ける																
								濃硝酸・希硝酸・熱濃硫酸に溶ける									
													王水に溶ける				

※ Pb は, 塩酸や希硫酸と反応して, 表面に難溶性の塩化鉛（Ⅱ）$PbCl_2$ や硫酸鉛（Ⅱ）$PbSO_4$ の塩を生じ, 反応が停止します。
※ Al, Fe, Ni は, 濃硝酸に浸すと, 表面に緻密な酸化物の被膜ができて, 内部を保護するため, 反応が停止します。この状態を不動態といいます。

★ 今夜のおさらい

🌟 イオン化傾向が 大きい 金属を，イオン化傾向の 小さい 金属イオンを含む水溶液に入れると，イオン化傾向の 大きい 金属単体がイオンになって溶液中に溶け出し，イオン化傾向の 小さい 金属が還元されて，金属の単体となって析出します。このとき析出する金属は，**木の枝のようになって析出**するので，**金属樹**とよばれます。

硫酸銅(Ⅱ)水溶液に鉄を浸す

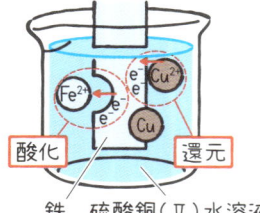

酸化　　還元

鉄　　硫酸銅(Ⅱ)水溶液

$Fe \rightarrow Fe^{2+} + 2e^-$

$Cu^{2+} + 2e^- \rightarrow Cu$

イオン反応式をつくると…

$Fe + Cu^{2+} \rightarrow Fe^{2+} + Cu$

イオン化傾向がM1>M2のとき，M1 の金属単体の表面に M2 が析出する。

水溶液に含まれている金属イオンよりもイオン化傾向が小さい金属を入れても，金属樹はできないよ。

💤 寝る前にもう一度

🌟 イオン化傾向の小さい金属が析出される金属樹。
🌙 イオン化列のまとめ

11. 酸化還元反応の利用

★ 今夜おぼえること

☆酸化反応と還元反応で、電気エネルギーを取り出すのが化学電池。

☽イオン化傾向，大きい金属が負極。小さい金属が正極。

化学電池では，イオン化傾向の異なる2種類の金属を電極とし，イオン化傾向が大きいほうの金属が負極となり，イオン化傾向が小さいほうの金属が正極となるよ。

電池は，負極，正極，電解液の3つからできている。

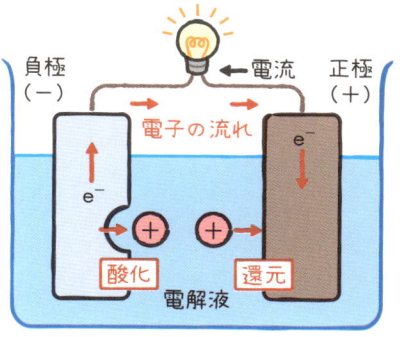

負極（−） ←電流 正極（+）
電子の流れ
e^-
酸化　還元
電解液

★今夜のおさらい

✨導線でつないだ2種類の金属を電解質の水溶液に浸すと，次のような反応が起こります。

① イオン化傾向が大きい金属…酸化され，[陽]イオンとなって溶け出す。

② 生じた電子e^-は導線を通ってイオン化傾向の[小さい]金属へ移動する。

③ 導線へ電子が流れ出す電極が[負極]となり，導線から電子が流れ込む電極が[正極]となる。

🌙化学電池の電極と，起きている反応をまとめると，次のようになります。

	2種類の金属を組み合わせた電池のイオン化傾向	反応の種類	電子の流れ
負極	イオン化傾向の大きいほうの金属	酸化反応	流れ出る
正極	イオン化傾向の小さいほうの金属	還元反応	流れ込む

💤寝る前にもう一度

✨酸化反応と還元反応で，電気エネルギーを取り出すのが化学電池。

🌙イオン化傾向，大きい金属が負極。小さい金属が正極。

巻末資料

化学基礎のおもな計算式

● 陽子の数，電子の数，原子番号の関係

陽子の数＝電子の数＝原子番号

　原子は，その種類ごとに陽子の数が必ず決まっていて，その陽子の数を原子番号という。原子の中の陽子の数は電子の数とも等しいので，上の式が成り立つ。

> 陽子・電子の数と原子番号は同じだよ。

● 陽子の数，中性子の数，質量数の関係

質量数＝陽子の数＋中性子の数

　陽子の数と中性子の数の和を，その原子の質量数という。

> 陽子と中性子は原子核の中にあるよ。

● 物質量とアボガドロ定数の関係

$$物質量(mol) = \frac{粒子の個数}{6.0 \times 10^{23}/mol}$$

1 molあたりの粒子の数 $6.0 \times 10^{23}/mol$ をアボガドロ定数という。物質量とアボガドロ定数には、上の式のような関係がある。

【例】

[水素分子 2.4×10^{23} 個の物質量]

$$\frac{2.4 \times 10^{23}}{6.0 \times 10^{23}} = \frac{2.4}{6.0} = 0.40 mol$$

[水素分子 0.25 molに含まれる水素分子の数]
$0.25 mol \times 6.0 \times 10^{23}/mol = 1.5 \times 10^{23}$ 個

自分でも計算して
なれておこう！

● 物質量とモル質量の関係

$$物質量(mol) = \frac{物質の質量(g)}{モル質量(g/mol)}$$

物質量, 物質の質量, モル質量には, 上の式のような関係がある。また, この式を変形すると, 次のようになる。

$$モル質量(g/mol) = \frac{物質の質量(g)}{物質量(mol)}$$

物質の質量(g) = 物質量(mol) × モル質量(g/mol)

【例】

水素1.5gの物質量を求める。水素Hの原子量が1.0なので, 水素H_2の分子量は, 1.0×2=2.0。したがって水素H_2のモル質量は2.0g/mol。

したがって, 水素1.5gの物質量は,

$$\frac{1.5g}{2.0g/mol} = 0.75mol$$

物質量とモル質量の関係の変形式をしっかり覚えておこう!

● 気体の物質量

$$気体の物質量(mol) = \frac{気体の体積(L)}{22.4 L/mol}$$

【例】

標準状態における酸素5.6Lの物質量を求める。(気体1 molの体積は22.4L/molとする。)

$$\frac{5.6 L}{22.4 L/mol} = 0.25 mol$$

● 気体のモル質量

$$気体のモル質量(g/mol) = 気体の密度(g/L) \times 22.4 L/mol$$

【例】

標準状態における密度1.25g/Lの気体の分子量を求める。(気体1 molの体積は22.4L/molとする。)

1.25g/L × 22.4L/mol = 28.0g/mol

よって、分子量は28.0。

● モル濃度

$$\text{モル濃度(mol/L)} = \frac{\text{溶質の物質量 (mol)}}{\text{溶液の体積 (L)}}$$
$$= \text{溶質の物質量(mol)} \div \frac{\text{溶液の体積 (mL)}}{1000}$$

モル濃度とは,溶液1Lに溶けている溶質の物質量(mol)を表した濃度。溶液1gに溶けている溶質の質量(g)の割合で表した濃度は,質量パーセント濃度という。

● 質量パーセント濃度とモル濃度の単位換算

[質量パーセント濃度(%)→モル濃度(mol/L)]
 溶質の物質量(mol)=溶質の質量(g)÷モル質量(g/mol)
 溶液の体積(mL)=溶液の質量(g)÷溶液の密度(g/cm^3)

[モル濃度(mol/L)→質量パーセント濃度(%)]
 溶質の質量(g)=溶質の物質量(mol)×モル質量(g/mol)
 溶液の質量(g)=溶液の密度(g/cm^3)×溶液の体積(mL)

91ページの濃度換算のテントウムシを見直そう!

● 電離度

> 電離度 α
>
> $= \dfrac{電離した酸(塩基)の物質量(mol)}{溶かした酸(塩基)の物質量(mol)}$
>
> $= \dfrac{電離した酸(塩基)のモル濃度}{溶かした酸(塩基)のモル濃度}$

電離度とは、溶解した酸や塩基の量に対する、電離した酸や塩基の割合を表したもの。同じ濃度の酸や塩基でも電離度を比べることで、その強弱を知ることができる。

電離した酸（塩基）の量が多いほど、酸（塩基）は強くなるよ。

【例】

[20分子のHClのうち、すべてのHClが電離したときの電離度]

$\alpha = \dfrac{20}{20} = 1$

[20分子のCH_3COOHのうち、1分子のCH_3COOHが電離したときの電離度]

$\alpha = \dfrac{1}{20} = 0.05$

● 25℃の水のモル濃度

$$[H^+]=[OH^-]=1.0\times10^{-7}\,\text{mol/L}$$

水分子が電離して生じる $[H^+]$ と $[OH^-]$ は、必ず等しく、25℃ではどちらのモル濃度も $1.0\times10^{-7}\,\text{mol/L}$ であることがわかっている。

このような状態では酸性でも塩基性でもなく、中性を表す。

● 酸や塩基の価数、モル濃度、電離度から、水素イオン濃度や水酸化物イオン濃度を求める

[水素イオン濃度]
$[H^+]$＝価数×酸のモル濃度(mol/L)×電離度 a

[水酸化物イオン濃度]
$[OH^-]$＝価数×塩基のモル濃度(mol/L)×電離度 a

> 水素イオン濃度を $[H^+]$、水酸化物イオン濃度を $[OH^-]$ と表すよ。

● 過不足なく中和する酸と塩基の水溶液の関係

$$a \times c \times \frac{v}{1000} = b \times c' \times \frac{v'}{1000}$$

	H^+	OH^-
	価数：a	価数：b
	濃度：c [mol/L]	濃度：c' [mol/L]
	体積：v [mL]	体積：v' [mL]

● 中和滴定

酸の価数×モル濃度×体積
＝塩基の価数×モル濃度×体積

中和滴定とは、濃度のわからない酸（塩基）の水溶液に、濃度のわかっている塩基（酸）の水溶液を加えていき、過不足なく中和したときの加えた水溶液の量から濃度を決定する方法。

さくいん

あ

- アイソトープ ……… 32
- アボガドロ数 ……… 85, 86
- アボガドロ定数 ……… 86
- アボガドロの法則 ……… 89
- アルカリ金属 ……… 40, 41, 42
- アルカリ土類金属 ……… 40, 41, 42
- アレーニウスの酸・塩基の定義 … 99
- 安定同位体 ……… 34
- イオン ……… 49, 55, 56
- イオン化エネルギー ……… 53, 54
- イオン化傾向
  ……… 139, 140, 143, 144, 145, 146
- イオン結合 ……… 57, 58, 79, 80
- イオン結晶 ……… 57, 79, 80
- イオン式 ……… 52, 84
- イオン半径 ……… 55, 56
- イオン反応式 ……… 135, 136
- 異性体 ……… 74
- 塩 ……… 111, 112
- 塩基 ……… 97, 98, 99, 100, 111, 112, 115, 116, 117, 118
- 塩基性 ……… 97, 98
- 塩基性塩 ……… 113, 114
- 炎色反応 ……… 19, 20

か

- 壊変 ……… 34
- 化学式 ……… 64
- 価数 ……… 115, 116
- 価電子 ……… 37, 38, 46
- 価標 ……… 61, 62, 64
- 還元
  ……… 125, 126, 127, 128, 129, 130, 145, 146
- 還元剤 ……… 129, 130, 131, 132, 133, 134, 136, 137, 138
- 希ガス
  ……… 37, 38, 40, 42, 47, 48, 50, 54, 59, 60
- 強塩基 ……… 103, 104
- 強酸 ……… 103, 104
- 強酸・強塩基の中和 ……… 124
- 共有結合 ……… 59, 60, 62, 72, 74, 79, 80
- 共有結合の結晶 ……… 72
- 共有結晶 ……… 71, 72, 79, 80
- 共有電子対 ……… 61, 62, 63, 64, 67, 68
- 極性 ……… 69, 70
- 極性分子 ……… 69, 70
- 金属結合 ……… 75, 76, 79, 80
- 金属結晶 ……… 75, 76, 79, 80
- 金属原子 ……… 75, 76
- 金属元素 ……… 40, 43, 44, 80
- 金属光沢 ……… 75, 76
- 金属樹 ……… 143, 144

クーロン力	57, 58
クロマトグラフィー	15, 16
係数比	95, 96
結晶	14
ケルビン	24
原子	28, 30, 37, 48, 50, 56
原子価	62
原子核	27, 28, 32, 33, 34, 36, 55, 56
原子半径	46, 56
原子番号	29, 30, 31, 32, 35, 47, 48
原子量	81, 82, 83, 84, 87, 88
元素	17, 40, 42, 44, 45
元素の周期律	45, 46
構造式	61, 62, 63, 64
混合物	7, 8, 11, 12, 16

さ

最外殻電子	37, 38, 48, 54, 55, 56, 61
再結晶	13, 14
錯イオン	65, 66
酸	97, 98, 99, 100, 111, 112, 115, 116, 117, 118
酸化還元滴定	137, 138
酸化還元の同時性	126
酸化還元反応	126, 136
酸化剤	129, 130, 131, 132, 133, 134, 136, 137, 138
三重結合	63, 64
酸性	97, 98
酸性塩	113, 114
式量	83, 84, 87, 88
質量数	29, 30, 31, 32
質量パーセント濃度	91, 92
質量比	95, 96
弱塩基	103, 104
弱酸	103, 104
弱酸・強塩基の中和	124
弱酸・弱塩基の中和	124
周期	40, 54
周期性	45, 46
周期表	40
純物質	7, 8, 11, 12, 17
昇華法	15, 16
状態変化	9, 10, 25, 26
蒸留	11, 12
水酸化物イオン濃度	105, 106, 107, 108
水素イオン指数	107, 108
水素イオン濃度	105, 106, 107, 108
正塩	113, 114
精製	12
絶対温度	24
絶対質量	81, 82

絶対零度	23, 24	電解質	49, 50, 146
セルシウス温度	24	電気陰性度	67, 68, 70
遷移元素	40, 43, 44	典型元素	40, 43, 44
相対質量	81, 82, 83, 84	電子	27, 28, 29, 30, 36, 47, 48, 49, 53, 54
族	40		
組成式	76, 84	電子殻	35, 36, 38

た

第一イオン化エネルギー	46, 48, 54
多原子イオン	51
多原子分子	70
単結合	61
単原子イオン	51, 130
単原子分子	70
炭素原子	73, 74
単体	17, 18, 130
抽出	15, 16
中性	106, 107, 108
中性子	27, 28, 29, 30, 31, 32
中和	111, 112, 115, 116, 117, 118
中和滴定	119, 120, 121, 122, 124
中和滴定曲線	123, 124
中和点	119, 120, 123, 124
中和反応	111, 112
沈殿生成反応	19, 20
滴定曲線	123, 124

電子式	61, 62, 63
電子親和力	53, 54
電子対	61, 62
電子配置	36, 38, 5°, 60
電離	49, 50, 103, 104
電離度	103, 104
同位体	31, 32, 34, 81
同周期	47, 48
同族	47, 48
同素体	17, 18

な

二原子分子	70
二重結合	63, 64
熱運動	21, 22, 23, 24, 25, 26
熱伝導性	75, 76

は

配位結合	65, 66
配位子	66
ハロゲン	40, 41, 42

半減期	34
半反応式	131, 132, 135, 136
非共有電子対	61, 62, 65, 66
非金属元素	40, 43, 44, 60, 80
非電解質	49, 50
不対電子	61, 62
物質量	85, 86, 87, 88, 89, 90, 91, 92, 115, 116, 117, 118
ブレンステッド・ローリーの酸・塩基の定義	99, 100
分解	8, 9, 10
分子	60
分子間力	72, 79, 80
分子結晶	71, 72, 79, 80
分子式	59, 60
分子量	83, 84, 87, 88
分留	12
閉殻	38
へき開	57, 58
放射性同位体	33, 34
放射線	33, 34
放射能	33
ボーアの原子模型	35, 36

ま

無機化合物	74
無機物質	73, 74
無極性分子	69, 70
モル	85, 86
モル質量	87, 88, 89, 90, 91, 92
モル濃度	91, 92, 105, 106, 117, 118, 121, 122

や

有機化合物	74
有機物質	73, 74
溶解度	13, 14, 15
陽子	27, 28, 29, 30, 32
陽子の数	28, 29, 30, 31, 32, 35, 36

ら

ラジオアイソトープ	33, 34
ろ過	12, 13, 14

編集協力:株式会社装文社

表紙・本文デザイン:山本光徳
本文イラスト:山本光徳,まつながみか
DTP:株式会社明昌堂　　データ管理コード:16-1772-1521 (CS6)
図版:株式会社アート工房,株式会社明昌堂
※赤フィルターの材質は「PET」です。
◆この本は下記のように環境に配慮して製作しました。
・製版フィルムを使用しないCTP方式で印刷しました。
・環境に配慮して作られた紙を使用しています。

寝る前5分 暗記ブック 高校化学基礎

Ⓒ Gakken Plus 2016 Printed in Japan
本書の無断転載,複製,複写(コピー),翻訳を禁じます。本書を代行業者等の第三者に依頼してスキャンやデジタル化することは,たとえ個人や家庭内の利用であっても,著作権法上,認められておりません。